郑研寒葱

郑研寒玉大葱

郑州长白条大葱

四季香葱

韩国黑龙大葱

紫星洋葱

横冈紫光洋葱

改良赤玉洋葱

墨月洋葱

整理好的育苗畦

郑研寒葱

郑研寒玉大葱

郑州长白条大葱

四季香葱

韩国黑龙大葱

紫星洋葱

横冈紫光洋葱

改良赤玉洋葱

墨月洋葱

整理好的育苗畦

播种育苗

大棚育苗

大葱育苗田

人工挖大葱定植沟

大葱定植

露地大葱田间生长状

露地大葱越冬状

大葱收获

洋葱露地越冬状

露地洋葱生长状

播种育苗

大棚育苗

大葱育苗田

人工挖大葱定植沟

大葱定植

露地大葱田间生长状

露地大葱越冬状

大葱收获

洋葱露地越冬状

露地洋葱生长状

蔬菜四季栽培新技术丛书

大葱洋葱四季高效栽培

主　编

田朝辉

副主编

李建欣　张国臣　唐立强

编著者

曾维银　王树仁　樊会丽　李永辉

张文玲　周铁良　孙成都　胡景昂

金盾出版社

内容提要

本书由河南省郑州市蔬菜研究所的专家编著。内容包括大葱四季高效栽培和洋葱四季高效栽培两部分，分别介绍了大葱和洋葱四季栽培的概念与主要茬口安排、四季栽培品种选择、四季栽培技术、贮藏保鲜技术、病虫害防治技术等。本书内容全面系统，技术科学实用，文字通俗易懂，适合广大菜农和基层农业技术推广人员学习使用，也可供农业院校相关专业师生阅读参考。

图书在版编目(CIP)数据

大葱洋葱四季高效栽培/田朝辉主编．—北京：金盾出版社，2015.3(2019.1 重印)
(蔬菜四季栽培新技术丛书)
ISBN 978-7-5082-9837-5

Ⅰ.①大… Ⅱ.①田… Ⅲ.①葱—蔬菜园艺②洋葱—蔬菜园艺 Ⅳ.①S633

中国版本图书馆 CIP 数据核字(2014)第 280231 号

金盾出版社出版、总发行
北京市太平路 5 号(地铁万寿路站往南)
邮政编码：100036 电话：68214039 83219215
传真：68276683 网址：www.jdcbs.cn
北京军迪印刷有限责任公司印刷、装订
各地新华书店经销
开本：850×1168 1/32 印张：4.5 彩页：4 字数：105 千字
2019 年 1 月第 1 版第 3 次印刷
印数：8 001～11 000 册 定价：12.00 元

目　　录

第一章　大葱四季高效栽培

第一节　概　述

一、大葱栽培区域划分

大葱原产于我国中西北部及相邻的中亚地区，是我国最早栽培的蔬菜之一，已有 2 000 多年的栽培历史。大葱在我国分布非常广泛，种植遍及全国各地，但主产区位于秦岭、淮河以北的广大地区，涵盖我国的华北平原、东北平原、西北黄土高原等区域。华北平原大葱种植区包括河南省、山东省、河北省和北京市、天津市，是我国大葱的发源地和第一大主产区。东北平原大葱种植区包括辽宁省、吉林省、黑龙江省和内蒙古东部地区，是我国大葱的第二大主产区。西北黄土高原大葱种植区包括西北黄土高原、内蒙古高原和新疆盆地等，是我国大葱的第三大主产区。从大葱适栽区域和食用器官划分，北方地区以生产葱白为主，南方地区以栽培青葱为主。

二、大葱四季栽培的概念和意义

（一）大葱四季栽培的概念

大葱四季栽培是根据大葱的生长发育特性和对环境条件的要求，利用地膜覆盖、温室大棚等设施条件，确定合理的栽培制度和管理措施，以获得优质高产和品种多样化，并能周年均衡供应市场大葱产品的生产过程。

(二)大葱四季栽培的意义

大葱具有很高的营养价值及药用价值，据中国医学科学院营养研究所分析，大葱中含有较多的蛋白质、多种维生素、氨基酸和矿物质，特别是含有维生素 A、维生素 C 和具有强大的杀菌能力的蒜素，可以预防和治疗多种疾病，如杀灭痢疾杆菌、治疗心血管病等。以章丘梧桐大葱为例，根据化验分析：每 100 克产品中，含维生素 A 0.05 毫克、维生素 C 20.2 毫克、蛋白质 2.4 克、脂肪 0.3 克、总糖 8.6 克、碳水化合物 9.8 克、钙 4.6 毫克、磷 39 毫克、铁 0.1 毫克、多种氨基酸 0.0298 毫克。与番茄相比，大葱维生素 B_1 较番茄多 185.7%、维生素 B_2 多 233.3%、维生素 C 多 94.2%、蛋白质多 328.5%、脂肪多 7.1%、粗纤维多 84.2%、磷多 30%。据《本草纲目》记载：葱白做汤治伤寒寒热、中风耳目水肿、能出汗；葱汗即葱涕，功同葱白，取汁入酒少许，滴鼻中治衄血不止；葱须疗饱食、房劳、血渗大肠、便血、肠痔；葱花治心脾痛；种实明目，补中气不足。

大葱是人们非常喜爱的调味蔬菜，既可鲜食、炒食，又可加工；还是近年来发展较快的出口蔬菜。因此，稳定和发展地方名特大葱生产，实现四季栽培周年供应意义重大。一是大葱四季栽培，可满足人们对鲜葱的周年消费需求 。近年来随着人们生活水平的日益提高，对大葱的消费要求也愈来愈高，不仅需要一年四季有葱吃，而且要求一年四季要吃充分长成的成株大葱或青葱，只有进行大葱四季栽培，才能满足人们对大葱产品多样化的需求。二是大葱四季栽培，可满足大葱加工出口贸易的迫切需要。葱、姜、蒜一直是我国的传统优势和特色产业，在国际市场上占有非常重要的地位，其中大葱的面积和产量居首位。据统计，2009 年，世界葱、姜、蒜栽培面积分别为 60 万公顷、50 万公顷和 120 万公顷，其中，我国葱、姜、蒜栽培面积分别为 54 万公顷、24 万公顷和 77 万公顷，分别占世界栽培面积的 90%、

48%和65%。我国葱、姜、蒜出口量分别为6万吨、15万吨和125万吨,分别占世界葱、姜、蒜出口贸易量的90%、68.2%和80%。随着我国保鲜大葱出口贸易量的不断增加,外商与出口企业迫切要求一年四季生产和供应成株大葱、青葱,以满足出口企业周年加工和出口贸易的需求。三是大葱四季栽培,可增加生产效益。物以稀为贵,在不适宜大葱生长的季节,从事大葱反季节栽培可以获得较高的经济效益。因此,进行大葱四季栽培对推动区域农业结构调整,促进大葱主产区农民增收具有重要意义。

三、大葱生产现状与发展前景

(一)大葱生产现状

1. 大葱生产概况 我国大葱栽培历史悠久,并形成了许多具有地方特色驰名中外的大葱品种,如山东的章丘大梧桐,辽宁的朝阳鳞棒葱,天津的五叶齐、高脚白,河北的海阳葱、隆尧鸡腿葱,内蒙古的毕克齐大葱,陕西的赤水孤葱,云南安宁的大弯葱。大葱在黄淮流域、秦岭以北及东北平原等地区普遍栽培,山东、河北、河南、陕西、辽宁、天津等地是我国大葱的集中栽培区域。目前,我国大葱种植面积逐年扩大,已成为世界上最主要的大葱栽培和出口国家。在山东章丘、天津宝坻、河北隆尧、安徽临泉、河南新野及开封等地基本形成了规模化、专业化的种植经营格局。《中国农业统计资料》显示:2009年我国大葱栽培面积近60万公顷,产量约1 955万吨,其中山东、河南、河北三省是大葱的主要产区,山东省总产量最高,达410万吨。在黄河流域等粮作区大葱常与小麦、玉米、蔬菜等间作套种,经济效益较高。在大葱主产区已形成了产业化生产经营,涌现出了一大批贮藏、加工企业,我国保鲜葱就近销往日本、韩国、东南亚国家及我国的香港、澳门,速冻脱水等加工产品销往欧美多个国家。各地在改良特色品种的同时，还示范推广了很多新品种，以不断适应市场多样化的需求。为适应出口需要，近年来不断引进日本大葱品种，进行适度规模化生产。对此，各地技术部门及出口企业还相继推出了地方标准化栽培技术规范，以满足出口大葱对质量的高标准要求，提高了大葱出口基地标准化生产水平。

2. 大葱生产存在的问题

(1)生产规模大，年际间稳定性差　山东省是全国大葱的重点产区，栽培面积占全国的1/5，产量占全国的27%。据统计，2004年山东省大葱栽培面积约计11.5万公顷、总产454.8万吨；2006年栽培面积约计16.4万公顷、总产749.7万吨。2年之间的面积和产量差异分别高达38.8%和64.8%。河南省南阳市新野县2010年种植钢葱约2 600公顷，是2007年的2倍；同年全国其他主产区大葱栽培面积也同样大幅度增加。年际间变化幅度过大，使大葱价格回落也很大，基地葱农收益锐减，导致翌年生产规模又大幅度回缩，不利于稳定农民收入和大葱产业平稳健康发展。

(2)单产水平高，标准化生产水平低　我国大葱栽培多采取精耕细作，单产水平高于世界平均产量。但是，我国大葱标准化生产水平低，产品安全卫生质量差，出口大葱常出现质量问题，严重影响我国蔬菜产品出口市场竞争力。

(3)地方名特产品种多，适合出口和加工的专用品种少　我国大葱在长期的栽培驯化和选择过程中，形成了众多的地方特色品种。但是，由于我国长期栽培的大葱品种多数葱白紧实度低、耐贮性较差，不能完全满足国际市场和加工工艺的需求。

(二)大葱生产发展前景

1. 大葱生产发展空间大　根据大葱的农艺性状要求，排开播种，采取设施栽培，可周年生产鲜葱；大葱较耐弱光，适宜与其他作物间作套种，有利于提高单位面积土地的产出率；大葱根系分泌物对危害其他作物的一些病菌有抑制作用，可减少下茬作物的病害发生，是续种其他作物的好茬口。同时，大葱是我国传统调味蔬菜，随着人们生活水平的提高，其消费量逐年增加，国内消费市场大，有良好的发展空间。

2. 大葱产业是我国出口创汇的优势蔬菜产业 大葱是我国目前主要出口创汇蔬菜之一，出口量约占我国蔬菜出口总量的1/4，占世界大葱出口贸易量的70%以上。我国在大葱产业发展方面，具有生产规模、人力资源等独特优势，是其他国家所不具备的，因此我国大葱产品在国际蔬菜贸易中具有很大的优势。

3. 大葱生产是适合我国的劳动和技术密集型产业 近年来，多数发达国家蔬菜生产弱化，进口量增加，因此全球蔬菜进出口贸易额将不断增加。我国劳动力资源充足，生产优势明显，为我国大葱产业的发展提供了良好的机遇。

4. 大葱标准化生产是长期发展的目标 农产品安全是人们普遍关心的热点问题，是现代农业发展的重点。标准化生产是确保农产品安全、保证和稳定农产品质量、提高农产品生产效益的重要途径，因此加快大葱标准化生产是长期发展的目标和方向。

四、大葱四季栽培主要茬口安排

目前，我国大葱栽培仍是以北方露地秋播为主，主要栽培模式是小麦（春菜）茬大葱。根据冷暖过渡次序，播期一般在9月份，在小麦（春菜）收获后腾茬定植，定植期在翌年5月上旬至7月上旬。河南省大葱栽培主要茬口有露地羊角葱、露地越冬小葱、伏葱、干葱。全国部分城市大葱四季栽培茬口安排如表1-1所示，河南省郑州市大葱四季栽培茬口安排如表1-2所示。

表 1-1　全国部分城市大葱四季栽培茬口安排　（单位:旬/月）

地　区	播种期	定植期	收获期	主栽品种
北　京	中/9	5～6月份	下/10	高脚白
石家庄	中/9	上中/6	下/10	高脚白、赵县大葱、章丘大葱
济　南	下/9	中/6至上/7	上/11	章丘大葱
郑　州	中下/9或上中/3	上/6至下/6	上/10至中/11	章丘大葱
西　安	中/9或中下/3	下/6至上/7	中下/10	章丘大葱、华县谷葱
太　原	下/9	下/6至上/7	中下/10	—
沈　阳	上/9	上/5至中/6	中/10	海洋大葱、公主岭大葱
长　春	下/8至上/9	上中/6	中/10	—
哈尔滨	上/9	上/6	中/10	鸡腿葱、章丘葱
乌鲁木齐	下/8至上/9	中/6	下/10	—
呼和浩特	上/9	中/6	上/10	—

表 1-2　河南省郑州市大葱四季栽培茬口安排　（单位:旬/月）

栽培方式	播种期	定植期	收获期	供应期
露地羊角葱	中下/9	上/6至下/6	下/3至中/4	下/3至中/4
露地越冬小葱	中/9至中/10	—	下/3至上/5	下/3至上/5
伏　葱	中/3至上/5	—	上/6至上/8	下/6至上/8
干　葱	中下/9	上/6至下/6	上/10至中/11	上/10至翌年中/4

第二节 适宜大葱栽培的环境条件

一、大葱的生物学特性

(一)营养生长期

大葱从播种至花芽分化为营养生长期，此期有新叶长出，新老叶更替，植株保持 6～8 片功能叶。大葱营养生长期分为发芽期、幼苗期、假茎形成期、贮藏越冬休眠期。

1. 发芽期 大葱是拱形“门鼻样”出土的，从播种至子叶出土为发芽期。

2. 幼苗期 从幼苗直钩到定植为幼苗期，叶片伸直后，开始制造养分，进入自养阶段。秋播葱幼苗期 250 天左右，经历冬前苗期、越冬期、返青期、旺盛生长期。

3. 假茎(葱白)形成期 从定植至收获是葱白(假茎)形成期，此期可分为以下 3 个时期。

(1)缓苗越夏期 大葱定植后至缓慢发出新根恢复生长为缓苗期，此期需要 10 天左右，以后进入高温越夏期。此期气温在 25℃以上，幼苗生长缓慢，叶片寿命短，新生功能叶形成后易早衰，单株功能叶只能保持 1～3 片，越夏期为 50 天左右。

(2)假茎形成期 越夏后，天气已凉爽，气温为 13℃～25℃，适合大葱生长，叶片寿命长，功能叶增至 6～8 片，且新生叶片依次增大，制造的养分大量地贮藏到假茎中，使葱白迅速增粗加长，大葱产量主要在此期形成。

(3)假茎(葱白)充实期 此期天气已冷，大葱遭受早霜后，旺盛生长期结束，叶身和外层叶鞘的养分向内层叶鞘转移，假茎迅速充实，大葱品质明显提高。

4. 贮藏越冬休眠期 大葱在低温条件下被迫休眠，通过春化阶段，此期有的在收获后的贮存期，有的在田间。

（二）生殖生长期

从叶鞘中抽出花薹到种子成熟，为大葱生殖生长期，分为抽薹期、开花期、种子成熟期。

1. 抽薹期 从花薹抽出叶鞘到破苞开花为抽薹期。此期主要是进行花器的发育。大葱的花薹有较强的光合作用能力，光合强度高于同株叶片的 4 倍，对种子的产量影响极大。

2. 开花期 花球破裂后，小花由中央向四周依次开放，每个小花的花期为 2～3 天，同一个花球的花期约为 15 天。早期的花常因低温和霜冻而影响受精，后期的花又会因为干热风、连阴天而影响种胚发育，中间段的花结籽较好。

3. 种子成熟期 由于开花有先有后，种子成熟期也不一致，一般从开花到种子成熟需 20～30 天。后期温度高，种子成熟快，但饱满程度较差。种子成熟后，应分期将种子球剪下，风干、脱粒、晒干、贮存。

二、温度对大葱栽培的影响

大葱是耐寒性蔬菜，其耐寒能力很强。大葱耐寒能力还取决于品种的耐寒特性、植株大小及营养积累状况。一般幼苗比成株耐寒力强，经过低温锻炼的幼苗耐寒力强，在不加覆盖的条件下，经过低温锻炼的幼苗和种株能耐－20℃的低温，在有积雪和保护物覆盖时，可在－30℃～－40℃低温条件下露地越冬。章丘大葱幼苗在 3 片叶以上、经过 7℃以下低温环境，7～10 天可完成春化阶段，开始花芽分化。大葱生长温度为 7℃～35℃，低于 7℃时养分在体内运转，不再进行光合作用，生长停滞；高于 35℃时生长不良，可耐受 45℃高温。大葱耐热性较差，在高于 25℃的高温环境条件下，叶片和葱白纤维增加，葱白中空，品质下降。不同品种耐热性有所差异，有的品种在较高温度条件下，生长尚好，如日本大葱长宝、夏黑，我国的郑研黑葱、安宁大葱、宝鸡黑等。

大葱适宜生长发育的日平均温度为13℃～25℃，发芽出苗期为10℃～20℃，幼苗和植株营养生长旺盛期为19℃～25℃，生殖生长期为15℃～22℃。大葱种子在日平均温度达到7℃时开始发芽，从播种发芽到出土顶鼻，需有效积温140℃左右；在日平均温度为7℃～20℃条件下，出苗时间随温度的增加而逐渐缩短；在日平均温度为20℃时出苗最快，高于20℃时没有提前出土的温度效应；在19℃～25℃条件下，生长最快，植株增重最快，叶鞘贮存积累养分的适宜温度为13℃～25℃。

早春，在日平均温度达到7℃以上时，越冬幼苗开始返青，新的幼叶不断从假茎中抽出；当日平均温度达到19℃以上时，进入旺盛生长期。北方地区6～7月份定植葱秧，缓苗处于越夏期，气温常在25℃以上，尤其是伏秋雨季，土壤湿度大、通气不良，容易发生沤根、烂根、黄叶和死秧苗，植株生长细弱而缓慢。立秋后气温逐渐下降，大葱逐渐恢复生长。当气温降至20℃～25℃时，每3～4天就长出1片新叶；气温降至15℃时，需7～14天形成1片新叶，此期温度适宜，是葱白形成盛期。霜降前后的低温阶段是葱白充实期，此阶段气温降至0℃～5℃，大葱生长极慢直至停滞，叶身及外层叶鞘贮存的养分逐渐向假茎内层转移，使葱白充实。

大葱属绿体春化型蔬菜，幼苗达到3片叶以上、在2℃～5℃低温条件下，经过60～70天即可通过春化，开始花芽分化，进入生殖生长阶段。河南秋播大葱，若播种过早，秧苗冬前达到5片叶以上，就通过春化阶段，翌年抽薹；9月份从上旬至下旬播种，抽薹率则逐渐降低。河南省大葱适播期为9月下旬，此期播种越冬秧苗较大（多数3～4片叶），抽薹率较低，生长较快，产量高；如遇暖冬年份，应看苗进行肥水管理，防止秧苗生长过快，提前达到春化叶龄。大葱成株在露地或贮藏窖内越冬时，感受低温，也可通过春化。

三、光照对大葱栽培的影响

大葱属中光性蔬菜，对光照强度要求适中，光补偿点为 1 200 勒，饱和点为 25 000 勒。大葱叶片筒状，叶面积小，受光状况良好，在密植情况下，光照较弱也能生长良好。大葱不耐阴，也不喜强光，光照过强，叶片纤维增多、老化，食用价值降低，影响产品质量；光照过弱，光合强度下降，叶片容易发黄，影响营养物质的合成和积累，引起减产。

四、水分对大葱栽培的影响

大葱叶片管状，表面多蜡质，水分蒸腾少，耐干旱性强；大葱根系较弱，根毛少，多分布在土壤表层，吸水能力较差，耐旱不耐涝，故农谚有“旱不死的葱”的说法。若把 6 片真叶以上的葱秧放在阳光下晒数十天，虽然根干、叶片枯缩，但仍能保持生命活力。在雨季，土壤积水 1～2 天，大葱就会沤根、烂根，造成大量死亡。

大葱虽然不耐涝，但各生长发育期均要求有较高的土壤湿度和较低的空气湿度。各生育期对水分的需要有所差异，生产中要根据大葱需水规律和气候特点进行水分管理，才能获得优质高产。发芽期要经常保持土壤湿润状态以利出苗；越冬前要根据秧苗的长相进行适度控水管理，防止秧苗过大或徒长；越冬前应浇足封冻水，以防冬旱死苗；翌年幼苗开始返青时，应及时浇返青水，促进返青生长；河南省，春季 4～5 月份是秧苗生长盛期，秋季 8 月下旬至 10 月下旬是葱白形成盛期，均应保持土壤湿润；收获前应停止浇水，防止恋青，以提高耐贮性；良种繁育田的抽薹期也应控制水分，使花薹生长粗壮，控制花薹生长过高过细，以免后期折薹倒伏；开花期和种子灌浆期保持土壤湿润，结实率高，籽实饱满。种子成熟前减少浇水次数，促进种子成熟。

五、土壤条件对大葱栽培的影响

大葱对土壤条件的适应性比较广，沙土、壤土及黏壤土均可栽培。沙壤土便于松土和培土，土质疏松，通透性强，容易获得高产。但是沙壤土栽培大葱，产品细胞壁木质化程度高，葱白粗糙松弛，外干膜层次多，不脆嫩不耐贮运。沙土质地结构过于松散，保水保肥力差，培土后易下滑、倒塌，产量低。黏土地不利于大葱发根和葱白的生长，植株纤弱，根系不壮，葱白细长，产量较低。但是黏质土壤栽培大葱，产品组织细致结实，葱白洁白脆嫩，辛辣味重。大葱高产优质栽培最适宜的土壤条件为壤土，其耕层深厚，有机质丰富，保水保肥力强；适宜的土壤（酸碱度）pH 值为 7～7.4，低于 6.5 或高于 8.5 对种子发芽和植株生长都有抑制作用。酸性土壤栽培大葱，应施用草木灰等有机肥进行土壤改良。大葱栽培应避免连作，虽然大葱病虫害少，危害轻，但随着连作年限的增加，肥力下降，不增施肥料很难增产。

六、矿质营养对大葱栽培的影响

大葱是喜肥作物，据研究，每生产 1 000 千克大葱，需吸收全氮(N)2.7～3 千克、磷(P_2O_5)0.5～1.2 千克、钾(KO_2)3.3～4 千克，吸收总量以钾最多，氮次之，磷最少。氮、磷、钾的吸收比例为 1∶0.4∶1.3。青葱栽培需氮肥较多，应注意及时补施。

大葱叶片的生长需要较多的氮素，氮素不足，不仅叶片数少、叶面积小，而且叶片中的营养物质向叶鞘运输贮存的也少，这样就影响了大葱假茎的产量和品质。大葱对氮素营养的反应十分敏感，山东省农业科学院蔬菜研究所对大葱的氮、磷、钾追肥效应试验结果表明：在施用同样基肥的基础上，在缓苗越夏和葱白生长盛期中，缺氮减产最显著，缺钾次之，缺磷影响较轻。当土壤中水解氮低于 60 毫克/千克时，施氮肥有显著增产效果。大葱高产栽培，在生长盛期要求土壤水解氮保持在 80～100 毫克/千克。磷元素参与植株各部位的生理活动，能促进新根发生，增强根系活力，扩大根系营养吸收面积，对培育壮苗、提高幼苗抗寒性和增加产量有重要作用。大葱育苗期，床土磷肥不足，不仅苗重明显减低，而且在定植后，植株生长也会受到严重影响。生产中，在土壤速效磷含量低于 20 毫克/千克和施有机肥少时，需要补充磷肥。钾元素参与绿叶光合作用的功能活动和促进碳水化合物酶运输，集中活跃在分生组织和代谢旺盛的重要部位。钾对幼苗生长的大小似乎无不良影响，但对大葱产量和品质很重要；在假茎肥大前后缺钾或少钾却会影响产量，所以葱农有施用炕墙土、草木灰的习惯。在大葱植株进入生长盛期，土壤速效钾含量低于 120 毫克/千克时，施用钾肥可提高假茎的品质和单位面积产量。钙、镁、锰、硼和硫等营养元素对大葱的生长和品质也有一定作用，在氮、磷、钾肥料供应充足的情况下，增施钙、镁、锰、硼、硫等肥，可促使葱白增长增粗，产量高，品味变浓。

大葱不同生育期，需肥吸肥量也不相同。从种子萌动露出胚根到长出第一片真叶为发芽出土期，胚根和子叶的生长，主要由种子中胚乳供给营养，初期几乎不需要外界供给营养，但在末期外界及时供给营养有利于由发芽期向幼苗期的顺利过渡。幼苗期，越冬前气温较低，生长量小，需肥量也较少，苗床施足基肥的，一般不需要施肥，施肥易造成幼苗过大而发生先期抽薹，或使幼苗徒长而降低越冬能力，不利培育冬前壮苗。越冬期，大葱处于休眠状态，生长极为微弱，本身一般不需要肥。从返青到幼苗期结束为幼苗生长旺盛期，此期长达 80～100 天，是培育壮苗的关键时期。适宜定植的幼苗株高 35～40 厘米、直径 1.3～1.5 厘米，为防幼苗徒长，需人为限制营养吸收，进行蹲苗。

从氮、磷、钾的积累吸收动态来看，大葱移栽缓苗期，天气炎热，根系不发达，叶的生长量小，需氮不多，每 667 米^2 吸收量为

2 千 克左右，占全吸收量的 13%；8 月下旬（处暑前后）绿叶生长量加大，每 667 米^2 的需氮量旬递增 2.5 千克左右，至 9 月底（秋分以后）即占总吸收量的 50%；10 月底（霜降前后）占总吸收量的 87.7%；11 月上旬植株含氮量达到高峰；到 11 月中旬回落至 80.7%。所以，氮肥要在 8 月中旬开始追施，9 月份重施。磷吸收积累较缓和，9 月上旬以前基本稳定在每 667 米^2 吸收量为 1～1.5 千克的水平上；9 月中旬以后开始递增，每 667 米^2 吸收量达到 2.8 千克，占总吸收量的 34.9%；10 月底每 667 米^2 吸收量为 6.99 千克，占总吸收量的 86%；11 月上旬达到高峰，以后逐渐回落。钾元素是大葱需要较多的元素，但在 8 月中旬以前吸收不多；9 月中旬以后急剧增加，每 667 米^2 吸收量为 9.45 千克，占总吸收量的 34.85%；10 月份每 667 米^2 的吸收量为 23.33 千克，占总吸收量的 86.1%；随着植株产品的形成，11 月上旬吸收量达到高峰，11 月中旬回落到 80.7%。

七、灾害性天气对大葱栽培的影响

大葱栽培从上年 9 月份育苗至翌年 10 月份开始收获，可延续到第三年抽薹期，其间 2 年多时间，经历了春夏秋冬四季。在各季都可能遇到灾害性天气，造成不同程度的减产，甚至绝收。

（一）湿害与涝害

夏秋季节连续降雨易造成湿害与涝害，是由于水分过多而对大葱造成的危害减产。大葱田间湿害是在一定时期内，下雨次数多，土壤湿度大，通气不良，引起大葱根腐病、软腐病不同程度的发生，导致死苗、死棵。涝害是由于水涝后土壤内长期排水不良，或连续阴雨而使土壤水分持续处于饱和状态而形成的，如秋季的连阴雨天气。涝害严重时可使大葱根系在较短时间内因缺氧而窒息死亡，危害明显。湿害过程较长，危害是渐进的；而涝害短时间即可造成大葱死亡，损失严重。

(二)冰　雹

冰雹是一种直径大于5毫米的固态降水。降雹时间几分钟到十几分钟,也有的长达1小时以上。雹粒小的如黄豆,大的似鸡蛋。冰雹的危害程度取决于雹粒大小、持续的时间和密度,以及发生的时期。一般黄淮地区发生在7～8月份危害性大。

(三)高温干旱

是指大葱生长期间内久旱无雨、气温偏高而带来的危害。黄河流域易发生伏旱和秋旱,此期气温与地表温度与降雨量的多少有明显的关系,雨量大温度低;雨量少则温度高。高温干旱对大葱幼苗的影响主要表现在两方面:一是幼苗易发生芽干及出苗不齐现象,特别是在整地不平、浇水不足的地块发生严重。出苗后幼苗叶色浓绿而皱缩,植株生长缓慢;二是长期高温干旱有利于葱蓟马大量发生,对大葱危害严重。定植后的缓苗阶段长期高温干旱,使大葱生长衰弱,叶片黄化,难以缓苗。

(四)连续性雾天

北方地区在秋末冬初和早春常出现持续低温大雾灾害性天气,极易诱发大葱灰霉病、霜霉病大发生,难以防治。发病大葱在天晴后叶片干枯,重者叶鞘染病而死苗,对产量影响很大。例如,2011年10月中旬开始,我国东北、华北、江淮等地连续出现大雾阴霾天气,部分地区最高气温降至10℃以下,低温寡照高湿的天气,葱苗严重发病。

八、无公害大葱生产的环境条件

环境条件是指影响蔬菜生长的空气、灌溉水、土壤等自然条件。无公害大葱生产的环境条件,依据NY 5010－2002无公害食品蔬菜产地环境条件标准和要求。无公害大葱产地环境,应选择在生态条件良好、远离污染源,并具有可持续生产能力的农业生产区域。生产场地应清洁卫生，地势平坦，排灌方便，土质疏松、肥沃，土层深厚，前茬为非葱蒜类蔬菜。

环境空气质量应符合无公害蔬菜产地空气质量标准(表1-3)，灌溉水质量应符合无公害蔬菜产地灌溉水质量标准(表 1-4)，土壤质量应符合无公害蔬菜产地土壤环境质量标准(1-5)。

表 1-3 无公害蔬菜产地环境空气质量标准

项 目	浓度限值(日平均)	浓度限值(1 小时平均)
总悬浮颗粒物(标准状态)，毫克/米^3	≤0.30	—
二氧化硫(标准状态)，毫克/米^3	≤0.15	0.50
二氧化氮(标准状态)，毫克/米^3	≤0.12	0.24
氟化物(标准状态)	≤7 微克/米^3	20 微克/米^3
铅(标准状态)	≤1.8 微克/米^3	—

注 1：日平均指任何 1 日的平均浓度。

注 2：1 小时平均指任何 1 小时的平均浓度。

表 1-4 无公害蔬菜产地灌溉水质量标准

项 目	浓度限值
pH 值	5.5～8.5
化学需氧量(毫克/升)	≤150
总汞(毫克/升)	≤0.001
总镉(毫克/升)	≤0.005
总砷(毫克/ 升)	≤0.05
总铅(毫克/ 升)	≤0.10
铬(六价)(毫克/ 升)	≤0.10
氟化物(毫克/ 升)	≤2.0
氰化物(毫克/ 升)	≤0.50
石油类(毫克/ 升)	≤1.0
粪大肠菌群(个/升)	≤10000

表 1-5 无公害蔬菜产地土壤环境质量标准

项　目	含量限值		
	pH 值＜6.5	pH 值 6.5～7.5	pH 值＞7.5
镉(毫克/千克)	≤0.30	0.30	0.60
汞(毫克/千克)	≤0.30	0.50	1.0
砷(毫克/千克)	≤40	30	25
铅(毫克/千克)	≤250	300	350
铬(毫克/千克)	≤150	200	250
铜(毫克/千克)	≤50	100	100

注:以上项目均按元素量计,适用于阳离子交换量＞5 毫摩/千克的土壤,若≤5 毫摩/千克,其标准值为表内数值的半数。

以上环境空气质量、灌溉水质量、土壤环境质量的各个项目及其浓度(含量)限值和试验方法,依据 GB/T 相关标准和要求。

第三节　大葱四季栽培品种选择

一、春播大葱品种

黄河流域春播大葱对品种没有严格要求,由于大葱苗龄较长,该区域春季温度回升快,露地直播苗或地膜覆盖育苗,幼苗一般不会通过春化,因此用于秋播的大葱品种皆可在春季播种。生产中可根据栽培收获产品的目标不同,选择不同品种,用于 5～6 月份小青葱市场,可选择耐寒性强、幼苗期生长速度快的品种,如中华巨葱、邙山嫩葱;做加工出口或保鲜葱出口的,可选择日本宏太郎大葱、晚抽理想大葱及郑研寒玉大葱等品种;用于夏秋收获的青葱,可选用耐热性、抗病性强,叶色鲜绿或浓绿型品种,如日本大葱品种吉藏、长宝和五月嫩葱等;用于秋末冬初上市、以葱白为主的大葱，可选用春秋兼用的大葱品种，详见秋播大葱品种。

二、秋播大葱品种

黄淮流域及其以北的大部分区域大葱栽培，以秋播为主，适于秋播的大葱品种很多，可分为长葱白型品种和短葱白型品种。

（一）长葱白型品种

1. 章丘大梧桐　山东省章丘市地方品种，是中国长葱白型大葱优良品种的代表品种，1987 年通过山东省农作物品种审定委员会认定，目前已在全国各生产区广泛推广。该品种生长势强，植株高大，一般株高 1 米以上，最高可达 2 米。葱白长 50～70 厘米，最长者达 1 米左右，葱白直径 3～4 厘米。不分蘖，少数植株双蘖对生。叶细长，叶色鲜绿，叶肉较薄，叶直立，叶间距较大。葱白圆柱形，质地细嫩，纤维少，含水分多，味甜微辣，商品性好，生食、炒食、制馅均可。单株重 500 克左右，最大株重可达 1 千克。每 667 米^2 产量 3 000～5 000 千克。

2. 气煞风　山东省章丘市农家品种，由章丘大梧桐与鸡腿葱自然杂交系统选育而成。植株高大粗壮，株高 110 厘米左右，葱白长 40～50 厘米，葱白直径 4.5 厘米左右。单株重 0.5 千克左右，最大株重可达 1.25 千克。管状叶浓绿，叶肉厚韧，叶身宽短，叶肉蜡粉较厚，叶尖梢较钝，叶鞘间距较近，葱白略短而粗，基都略有膨大。该品种抗风，耐紫斑病，略有辛辣，生、熟食皆宜，品质上等。每 667 米^2 产量 3 000～4 000 千克。

3. 掖辐 1 号　山东省莱州市利用章丘大梧桐辐射诱变育成，1997 年通过山东省农作物品种审定委员会审定。该品种生长势、抗病性强，产量高。株高 130 厘米以上，葱白长 50～60 厘米，葱白直径 4.5 厘米左右，单株重 500 克左右。葱白质地脆嫩，味甜微辣，商品性较好，生、熟食皆宜。每 667 米^2 产量 5 000 千克以上。

4. 寿光八叶齐　山东省寿光市地方品种，因生长期保持有效绿叶8片而得名。株高1米以上,不分蘖。葱白长40～50厘米,葱白直径4.5厘米左右。叶粗管状,叶色绿,叶面蜡粉较多,生长势、抗病性较强。风味较章丘大梧桐稍辣,生、熟食均优。单株重400～600克,每667米^{2}产量4 000千克左右。

5. 北京高脚白 北京市地方品种,1987年经天津市农作物品种审定委员会认定。株高80～100厘米,葱白长40～50厘米,葱白直径3厘米左右。有效功能叶6～8片,单株重0.5～0.75千克。风味稍甜,品质佳,长葱白型品种。每667米^{2}产量5 000千克左右。

6. 华县谷葱 陕西省华县农家品种,又称孤葱,1982年通过陕西省农作物品种审定委员会认定。株高90～120厘米,葱白长50～60厘米,葱白直径2.5～3.6厘米,单株重300克左右。耐寒、耐旱、抗病、耐贮藏,香味浓,品质好,生、熟食皆宜。每667米^{2}产量3 000～4 000千克。

7. 海洋大葱 河北省抚宁县海洋镇地方品种,1990年通过河北省农作物品种审定委员会认定。株高80～90厘米,葱白长40厘米以上,葱白直径57厘米左右。生长期有效绿叶6～8片,叶色深绿,叶粗管状,叶肉厚,叶面蜡粉多,叶间距离小,叶序整齐、扇形。植株抗风、抗病、耐贮藏。单株重0.2～0.3千克,每667米^{2}产量2 500～3 500千克。引入铁岭后成为当地主栽品种,1985年被辽宁省农牧业厅评为优质农产品。

8. 凌源鳞棒葱 辽宁省凌源市农家品种,1985年被辽宁省农牧业厅评为优质农产品。生长势强,株高110～130厘米,葱白长45～55厘米,葱白直径3厘米左右,单株重0.25～0.5千克,最大株重可达1千克以上。叶色浓绿,葱白质地紧实,味甜微辣,香味浓。抗逆性强,耐贮藏。每667米^{2}产量3 000千克以上。

9. 营口三叶齐 辽宁省营口市蔬菜研究所利用地方品种系统选育而成,1988年通过辽宁省农作物品种审定委员会审定。株高

120～140 厘米，葱白长 60～70 厘米，葱白直径 2.0～2.6 厘米，葱白外膜紫红色。叶色深绿，叶形细长，叶面蜡粉多。单株重 300 克以上，每 667 米^2 产量 3 000 千克以上。较抗紫斑病，叶肉厚，叶鞘包合紧，抗倒伏。

10. 毕克齐大葱　内蒙古自治区土默特左旗农家品种。株高 95～115 厘米，葱白长 40 厘米左右，葱白直径 2.2～2.9 厘米，9～11 片叶，叶形粗管状，绿色、单株重 150 克左右。小葱苗葱白基部有 1 个似胭脂红色小点，随着葱生长而扩大在葱白外皮形成紫红色条纹或棕红色外皮。抗寒、抗旱、抗病。葱白质地紧密、脆嫩辛辣味浓，品质佳，耐贮运。每 667 米^2 产量 2 000～3 500 千克。

11. 山西鞭杆葱　山西省运城市农家品种。株高 100 厘米左右，无分蘖，叶形粗管状，叶色深绿，叶面蜡粉多。葱白长 40 厘米以上，葱白直径 23 厘米左右，单株重 400 克左右。葱白质地紧实，辣味浓，品质佳。每 667 米^2 产量 3 000～4 000 千克。

12. 赤水孤葱　陕西省赤水农家品种，1982 年通过陕西省农作物品种审定委员会认定。株高 100 厘米左右，葱白长 50～65 厘米，葱白直径 2.5 厘米左右，叶色深绿，叶面蜡粉少。单株重 300 克左右，最大株重可达 500 克。耐寒、耐旱、耐贮藏，较抗病。葱白质地脆嫩，味甜品质好，风味辣。每 667 米^2 产量 4 000 千克左右。

13. 中华巨葱　植株粗大、挺直，相邻叶距较大、一般为 2～3 厘米，株高 1.5～1.6 米，葱白长 70～80 厘米，葱白直径 3～5 厘米，单株重 0.5 千克左右，最大株重达 1.5 千克。叶色鲜绿，管状叶粗重，叶尖钝，叶片上冲、集中，叶肉厚，抗风。植株生长整齐，上下粗细均匀，葱白质地洁白细嫩，味道甜辣带香，生食品质极佳。该品种适应性较强，喜疏松肥沃土壤，宜稀植。幼苗生长速度较快，既可作干葱栽培，也可作小葱、中葱随时供应市场。从定植到收获一般需 80～140 天，在高肥水田，每 667 米^2 产量可达 7 000～10 000 千克。后期注意对紫斑病、锈病、炭疽病以及虫害进行综合防治。

14. 鲁大葱一号 山东省农业科学院蔬菜研究所近期选育而成的适合保鲜出口的大葱品种类型。株高100厘米以上，葱白长45～50厘米，葱白紧实，叶片深绿色、蜡粉多，抗病、抗逆性强，耐抽薹、耐贮藏，丰产性好。适合作保鲜大葱出口。单株重可达300克以上，每667米^{2}产量5 000千克以上。

15. 鲁大葱四号 山东省农业科学院蔬菜研究所近期选育而成的适合生食的大葱品种类型。株高110厘米左右，葱白长50厘米左右，葱白直径2.2厘米以上，葱白紧实。叶绿色，质地脆嫩，鲜食佳，高产。单株重可达300克以上，每667米^{2}产量5 000千克以上。

16. 河北巨葱 中国农业大学与河北省故城县巨葱研究中心联合培育而成。植株高大，一般株高150～170厘米，假茎粗长，单株重0.35～1.2千克，味道鲜美、浓香。具有抗病虫，生长快（比其他品种早上市近1个月）等优点。每667米^{2}产量7 000千克左右。

17. 四季特葱 山东省济南开发区金谷农牧科研所，用日本冬越一本太大葱和中华巨葱抗寒优系杂交后经多年系统选育而成。株高1.3～1.4米，葱白长40～50厘米，葱白直径1.5～2.5厘米，单株重250～350克。管状叶粗短、排列紧密、直立，抗风，抗倒伏，生长速度特别快。每667米^{2}产量3 000～4 000千克。

18. 新葱2号 河南省新乡市农业科学院采用多亲本多重杂交技术，经多年系统选育出的大葱新品种。植株生长势强，株形紧凑。株高110～138厘米，生长期功能叶5～6片，叶间距2～3厘米。葱白圆柱形、洁白脆嫩、长50厘米左右、直径2～3厘米。辛辣味中等，口感好，生食、熟食俱佳。抗风、耐寒，葱白坚实，不易空心，耐贮运，综合性状优于章丘大梧桐葱。每667米^{2}产量可达5 000千克以上。

19. 伏葱1号 河南省农业科学院园艺所选育，适于反季节栽培的品种。抗热耐寒，抗逆性强。株高1.2～1.7米，葱白长60～80厘米，味道鲜美。每667米^{2}产量可达4 000千克以上。

20. 辽葱1号　该品种于2 000年通过辽宁省农作物品种审定委员会审定。株高110厘米左右，最高可达150厘米，葱白长50厘米左右，葱白直径3～4厘米。叶肉较厚、表面蜡粉多，叶片上冲，较抗风，生长期间功能叶4～6片，植株不分蘖。平均单株重0.25千克，最大单株重可达0.75千克。生长速度快，既可秋播又适合春播。抗病毒病，较抗紫斑病、霜霉病、锈病等。含糖量较高，风味佳，品质好。每667米^{2}产量4 000千克左右，最高可达6 000千克。

21. 郑研寒玉　河南省郑州市蔬菜研究所采用多亲本混合杂交选育技术，经多年系统选育出的大葱新品种。植株生长势强，株形紧凑，抱合紧实。株高110～130厘米，生长期功能叶5～6片，叶间距2～3厘米。葱白圆柱形、长50厘米左右、直径2～3厘米、坚实、洁白脆嫩，不易空心，耐贮运。辛辣味浓，口感好，生食、熟食俱佳。抗风、特耐寒，立冬后仍不枯衰，比一般越冬大葱晚衰15～20天，冬季可保持2～3片青叶。每667米^{2}产量可达4 000千克以上。

22. 郑州笨葱　河南省郑州市蔬菜研究所选育的郑州地方大葱新品种。植株生长势强，株形紧凑，抱合紧实，抽薹比一般大葱晚15～20天。株高100～120厘米，生长期功能叶5～6片，叶间距2～3厘米。葱白圆柱形、坚实、洁白脆嫩、长50厘米左右、直径2～3厘米。辛辣中等，口感好，生食、熟食俱佳。每667米^{2}产量3 500千克以上。

23. 郑研寒葱　河南省郑州市蔬菜研究所从日本宏太郎大葱和山东寿光大葱的杂交后代里选育而成的大葱新品种。株高100～120厘米，生长期功能叶5～6片，叶间距2～3厘米。葱白圆柱形、坚实、洁白脆嫩、长50厘米左右、直径2.5～4厘米。该品种最大特点是抗寒性强，立冬后仍不枯衰，且在冬季可保持 2～3 片青叶。缺点是有少量分蘖现象。葱白坚实细嫩，辣味浓，可炒食，作调味品。每 667 米^2 产量 4 000～5 000 千克。

(二)短葱白型品种

1. 平度老脖子葱 山东省平度市农家品种。株高 80～90 厘米，葱白长 30 厘米左右。功能叶 6 片，叶片粗管状、绿色，叶面蜡粉中等。单株重 500 克以上。风味辣微甜、香味浓。抗逆性强，每 667 米^2 产量 4 000～6 000 千克。

2. 沂水大葱 山东省沂水县农家品种。株高 70 厘米左右，葱白长 25～30 厘米。功能叶 6 片，叶形粗管状，叶色深绿，叶面蜡粉中等。单株重 500 克以上，辣味中等，香味浓。每 667 米^2 产量 5 000 千克以上。

3. 河北深泽对叶葱 河北省深泽县农家品种，因葱叶相对生长而得名。株高 70～80 厘米，叶形粗管状，叶色深绿，叶面蜡粉中等。葱白长 30～35 厘米，单株重 120～130 克，风味浓。每 667 米^2 产量 3 000 千克以上。

4. 宝鸡黑葱 陕西省宝鸡市农家品种。株高 80 厘米左右，葱白长 27 厘米左右。叶形粗管状，叶色深绿，叶面蜡粉中等。单株重 300～350 克，风味浓，生、熟食皆宜。既可作大葱栽培，也可作小葱栽培。

5. 岐山石葱 陕西省岐山县农家品种。株高 100 厘米左右，葱白长 35 厘米左右。叶形细管状，叶色深绿，叶面蜡粉少。单株重 300 克左右。风味辛辣，香味浓。

6. 鲁鸡腿葱三号 山东省农业科学院蔬菜研究所选育而成的适合熟食的鸡腿葱品种类型。商品性状优良，株高 80 厘米以上，葱白长 30～35 厘米，叶片绿色，熟食品质好，耐贮存。株行距 3～5 厘米×50～60 厘米，单株重 200 克左右，每 667 米^2 产量 5 000 千克以上。

(三)日本中长葱白型品种

1. 长悦大葱 越冬栽培,在晚春至初夏时不易抽薹,伸长性良好,为超耐抽薹的优良品种。耐热性、耐寒性强,通过调整播种期能实现周年上市。葱白长45～50厘米,有光泽、紧实,口味佳,分杈少,整齐度高。叶片直立、浓绿色、不易折断,可密植。

2. 改良长悦大葱 该品种为杂交大葱。耐热、耐寒、抗病。叶鞘部紧实,葱白部分纯白、有光泽。植株整齐度好,成品率高,收获方便。

3. 金长三号大葱 属高产量的秋冬收获的大葱品种。葱白长40厘米左右,整齐度好,有光泽,葱白紧实,单根葱较重。叶片直立、较细,叶鞘颈部紧抱。商品性好,品质优,产量高。

4. 改良金长三号大葱 属金长类大葱杂交品种,比金长叶色深、早熟。葱白粗长,葱白长约45厘米,低温伸长性和耐寒性好,冬季至早春播种,比其他品种上市早。叶鞘部紧实,口味同金长。由于伸长性好,须给予良好的肥水管理。培土不宜过早。

5. 明彦大葱 叶片浓绿色、直立、粗长,不易折叶。植株生长势强健,产量高。葱白有光泽、长40厘米左右,但有叶鞘颈部冻害和叶片枯萎现象。抗锈病、霜霉病。

6. 改良明彦大葱 属杂交大葱品种。叶片浓绿色、直立,不易折叶。植株生长强健,产量高。葱白有光泽,耐寒性和抗病性强。

7. 长宝大葱 耐寒性、耐热性极强,高温季节同样生长旺盛,栽培容易,是夏秋至秋冬收获的优良品种。比其他品种根系发达,长势旺盛,抗锈病、霜霉病。在冬季低温条件下,不易发生叶片褪色和黄化现象。叶鞘部紧实、有光泽,葱白长40厘米左右,整齐度高。叶片稍短、浓绿色,不易折叶。

8. 元藏大葱 该品种具有高产、优质、抗病、耐寒等优良性状,为冬季栽培的最佳品种。植株生长势强健,叶片直立,葱白部分和叶鞘的颈部紧实，葱白长45厘米左右、直径2.5～3厘米、有光泽，叶鞘部紧实。生长速度快，产量高。纤维少，有甜味，品质佳。耐病性强，高抗赤霉病、锈病，耐寒性和耐旱性均强，土壤适宜范围广，易栽培，适宜北方冬季保护地栽培。江、浙、沪一带一般在3月底至4月初播种，育苗期2个月左右，11月初开始采收，可一直采收至翌年2月下旬。

9. 超级元藏大葱 叶直立、深绿色，叶鞘颈部紧实，株形优美。生长旺盛，耐寒性、耐热性皆强。因叶鞘部分肥大，故可以密植栽培。丰产。抗病性强，容易栽培。

10. 冬越一本太大葱 日本长野县松本地区的地方品种。极耐寒，越冬能力超群。早熟，秋种以幼苗越冬，开春后新叶萌芽迅速。葱白部紧实、长40厘米左右，品质优良。适于秋播翌年秋季收获和春播秋冬收获。

11. 晚抽一本太大葱 杂交一代种。耐热、耐寒性强，特别耐抽薹。叶色浓绿，生长势强，葱白长40厘米左右、直径2～2.5厘米、光滑。较常规进口品种，每667米^{2}增产1 000～2 000千克。

12. 春味大葱 植株直立、较高，生长势旺盛，不易被风折叶，可以密植栽培。抽薹晚，低温生长性佳，叶鲜绿色，叶鞘部生长快，葱白部紧实。栽培适期：4～5月份播种、10月份至翌年3月份收获，9～10月份播种、翌年5～7月份收获。适宜北方冬季保护地栽培。每667米^{2}产量2 000千克左右。

13. 田宝大葱 是耐热性和耐病性强的黑柄系品种。叶片直立、绿色，叶鞘颈部紧实。葱白部有光泽，均匀好看，品质好，口味佳。根系发育快，容易栽培。耐锈病、黑斑病能力强。该品种的特性是在夏季高温条件下仍然生长良好，从夏季到晚秋期均可收获。具体早收适期：河南省、山东省为7～8月份，北京以北地区为8月中旬，上海以南地区为6～7月份。

14. 吉藏大葱 叶鞘颈部紧实，耐热，分叶少，有光泽。质柔软，口味佳，品质上等。葱白长，生长快。与其他夏季大葱相比耐热性、抗病性强，夏秋栽培容易。每 667 米^2 产量 2 000 千克左右。

15. 天光一本大葱(F1) 叶肉紧实，叶片直立、浓绿色，抗风力强。生长势旺，生长快。叶鞘颈部紧实，成品率高。葱白部分有光泽、纯白、紧实，口味佳。对锈病、霜霉病、黑斑病、菌核病抗性强，耐热、耐寒。植株整齐一致，收获方便。每 667 米^2 产量 2 000 千克左右。

16. 佳宝大葱 是耐热性和耐寒性强的黑柄系品种。叶片直立、浓绿色，不易被风折断。叶鞘颈部紧实，葱白部有光泽、均匀好看、紧实，口味佳，品质好，加工成品率高。容易栽培，根系发育快，夏季高温时生长旺盛；冬季低温时叶片变黄较少，耐葱锈病、霜霉病、黑斑病能力较强。适宜夏秋及秋冬季节收获。

17. 夏黑 2 号大葱 生长期 120 天。植株坚硬，抗倒伏。产量高，每 667 米^2 产量 5 000～7 500 千克。耐热、耐旱、耐涝，抗寒，适应性广。

三、四季青葱品种

（一）青葱品种

黄河流域春季和秋季栽培青葱，可选择国内一般大葱品种，也可选择日本大葱品种，早春或初秋播种，植株长至 4～6 片叶收获。夏季栽培青葱，可选择耐热性强的日本大葱品种，如田喜、长宝、佳宝、田宝、吉藏大葱、夏黑 2 号等；冬季棚室青葱栽培，或早春青葱栽培，可选择耐寒性强的日本大葱元藏、长悦、明彦、春味、九条太大葱等。

（二）分葱品种

春秋两季青葱栽培还可选择分葱品种。

1. 项城分葱 河南省项城市地方品种。株高 66 厘米左右，叶片中粗管状，叶面有蜡粉，叶片深绿色、长约54.3厘米、横径约1.1厘米。葱白扁圆形、长约23.1厘米，横径约1.3厘米，葱白外皮白色，单丛重约164克。辛香味浓，常作调味菜食用。晚熟，生长期200天。株丛较直立，分蘖性较强，抗寒性强，抗紫斑病能力中等。每667米^{2}产量3000千克左右。

2. 高脚黄分葱 河南省信阳市郊地方品种。植株高约35厘米，叶长约28厘米，叶片黄绿色。葱白长23厘米左右，培土栽培的葱白长达28厘米。分蘖力较强，每丛10～15株。辛香味浓，品质优良。较抗热，不耐涝。每667米^{2}产量1200千克左右。

3. 邓县分葱 河南省邓州市地方品种。株高55厘米左右，叶片中粗管状，叶表稍有蜡粉、深绿色，叶长约45厘米、横径约1.2厘米。葱白扁圆柱形、紫褐色、高18～20厘米、横径约1厘米。辛香味浓，品质优良。中熟，生长期250天。分蘖性较强，植株较直立，易折弯，抗寒性、抗病性一般。每667米^{2}产量2200千克左右。

4. 青岛分葱 山东省青岛市地方品种。株高40～50厘米，葱白长15～20厘米、横径1厘米左右。葱叶细长、深绿色，植株分蘖力强，每株分蘖2～3个，开花期也能分蘖，可采取分株繁殖。单株重100～150克。葱叶辣味浓，品质好，耐寒性强。

5. 寒兴葱 又名红头葱，上海地方品种。能开花不结实，抗寒力强，冬季生长迅速；耐热力弱，依靠鳞茎越夏。寒兴葱需要分株繁殖，分株的时间在清明至大暑前或立秋至大寒前。

6. 白米葱 上海地方品种。品质不如细香葱，但产量高，栽培面积较大。其他方面与细香葱相同。

7. 四季葱 浙江省地方品种。株高30～40厘米，须根白色，假茎部有白色小鳞片。叶片筒状、中空，四季青绿，分蘖力强。假茎和叶片可四季采收，有浓郁的芳香味。

8. 兴化分葱 品种有垛田分葱和四季米葱。垛田分葱是江苏省兴化市地方品种，叶管长，假茎白色、较短，分蘖力强，抗病。每 667 米^2 产量 3 000～4 000 千克，高产的可突破 5 000 千克。四季米葱是从垛田分葱变异而来，植株较小，叶细长，分蘖能力强，抗寒性、耐热性较强，品质较佳。产量较低，每 667 米^2 产量1 500～2 000 千克。

9. 双港四季葱　天津市津南区双港镇农科站和天津市宏程芹菜研究所 1991 年从韩国葱材料中选择优良单株和定向选择，于 1995 年育成的分葱品种，中小株即可收获。株高 60～70 厘米、横径 0.8～1 厘米，单株定植后当年分蘖 3～4 株。叶圆筒状、绿色，葱白长 15～20 厘米。香味浓，辣味适中，口感好。种子黑色，种皮坚厚，千粒重 3 克左右。抗紫斑病，耐寒性强，冬前露地休眠晚，冬季温室不休眠，适应性广，可连续多茬收获。

10. 日本九条太葱　河南省开封市农林科学研究院从日本引进的专用脱水加工及保鲜出口的大葱品种。该品种为分葱，主要用于 4 月上旬至 5 月上旬脱水加工用。越冬后返青快，生长快，产量高（一般每 667 米^2 产量达 8～10 吨，高产达 12 吨以上），叶茎比高（一般可达 7∶3 至 8∶2），加工的干品香味浓。4 月上中旬不抽薹，即使 4 月下旬至 5 月上旬抽薹，其薹质较软，脱水加工后品质基本不受影响。

11. 日本九条黑葱　河南省开封市农林科学研究院从日本引进的专用脱水加工及保鲜出口的大葱品种。该品种为分葱，性状与九条太葱相似，叶色深绿，抽薹时间比九条太葱晚近 1 个月。每 667 米^2 产量 8～10 吨。

四、香葱品种

（一）上海细香葱

上海细香葱又名小葱，上海地方品种。属于能结实品种，虽可分株繁殖，但一般用种子繁殖。形态与分葱相似，但叶和假茎都较分葱更细，管状叶横径一般不超过 0.5 厘米，假茎横径一般不超过 0.6 厘米。株丛直立，株高 45～55 厘米，叶绿色、长 40 厘米左右，葱白长 10 厘米左右，茎不膨大，略粗于葱白，香味浓厚，品质极佳。耐寒、耐肥，抗逆性强，四季常青不凋。播种期分为春播和秋播，春播由春分开始，分批播种至夏至；秋播从处暑开始，分批播种至寒露。

（二）浙江四季香葱

株丛直立，一般株高 30～40 厘米，分蘖性强，生长势旺。管状叶绿色，四季青绿。茎基部有白色小鳞片，茎不膨大，近地葱白略粗，须根白色。微辣而甜，香味浓郁。多用分株繁殖。每 667 $米^2$ 产量 1 000～2 000 千克。

（三）疏轮香葱

广东省地方品种。株高 40 厘米左右，开展度 30 厘米左右。叶片长 30 厘米左右、横径 0.7 厘米左右、青绿色，叶面蜡粉少。葱白长 10 厘米左右，横径 1.8 厘米左右，基部形成纺锤形小鳞茎，鳞衣红褐色，肉白色。植株生势强健，分蘖力较强，种植至初收 60～70 天。耐风雨，抗寒力强。香味浓，品质优。

（四）兴葱 21

兴葱 21 是从兴化香葱中选育的优良变异系，生长势旺，抗逆性强，耐热、耐寒性均较好，适宜生长温度为 12℃～23℃，在 25℃以上的高温和强光条件下植株变矮、叶管变细；－5℃以下的温度生长减缓。与原兴化香葱相比，表现为耐热性较好、产量高。叶管长 30～45 厘米、横径 1.5～2.5 厘米，假茎长 15～25 厘米、横径 1～2 厘米，株高 50～60 厘米，分蘖力强，抽薹率低。一年四季均可栽培，采用分株繁殖。每 667 $米^2$ 春秋季产量 4 000～5 000 千克，夏季产量 2 000～2 500 千克。叶色浓绿，加工成品率高。

（五）德国全绿小香葱

该品种原产于德国，也叫德国小香葱或德国米葱，是脱水香葱专用品种。脱水加工具有出品率高、色泽深绿、品质优良等特点，也可用于鲜食香葱生产。该品种根系发达，生命力强，可生长2年以上。植株直立，株高45～50厘米，叶片细长，叶色浓绿，管状叶直径3～5毫米。质地柔嫩，香味较浓，味微辣稍甜，口感佳，品质好。进行热炕（AD）或冻干（FD）脱水加工，其产品颗粒均匀、色泽鲜亮，符合出口西欧、美国和日本的要求标准。生长快，从播种到采收一般需50～60天。对土壤适应性广，密植抗倒伏，抗病力强。生长适温为20℃～24℃，较耐热，耐霜冻，短期低温（－5℃以上）仍保持叶色青绿。喜湿，不耐旱。适采期长，一般可延续至12月上旬土壤封冻前。分蘖力强，1年可收割多茬，每667米^{2}年产量达5 000千克以上。适播期长，黄河流域除6月下旬至8月上旬、播种生长较差外，播种期从3月上旬可持续至10月上旬，基本实现周年种植。

（六）日本四季香葱

该品种株丛直立，分蘖力强，株高25～30厘米，管茎横径5～6毫米，叶色浓绿。葱白长3～3.5厘米，鳞茎不膨大、略粗于葱白。抗热，耐寒，四季常青不凋。香味特浓，品质均优于国内外其他品种。每667米^{2}产量3 000千克以上，育苗栽培每667米^{2}用种量3～6千克，直播5～6千克。

（七）黑 千 本

引进日本用于脱水加工的青葱新品种，也可用于鲜食香葱生产。叶色深绿，叶肉厚，叶面蜡粉多，叶片上冲，葱白洁白，茎叶比达2～3∶7～8。根系发达，属异花授粉，自交结籽。口感脆嫩，纤维少，味微辣稍甜。适应性广，抗逆强。密植抗倒伏、抗病，对气候和土壤要求不严，适合我国大部分地区种植。抗寒、耐热性也较强，短期低温（−5℃以上）仍保持叶色青绿。6月下旬至8月上旬播种，用遮阳网覆盖，生长良好。品质好，商品率高。葱叶、葱白皆可脱水，脱水出品率95%以上，冻干、烘干产品质量好。根据加工要求的标准不同，有小葱、中葱之分，小葱嫩叶直径0.5～0.8厘米，最粗不超过1.2厘米；中葱嫩叶直径大于1.2厘米。该品种生长期短，产量高，从播种到采收需50～60天，每667米^{2}小葱产量2000千克左右，中葱产量2500千克以上。适播、适采期长，河南、山东等地2月上旬播种，播种期可持续至10月上旬；采收期从4月份可延续至12月上旬土壤封冻前，基本实现周年种植。

五、棚栽大葱品种

早春大棚栽培大葱应选择耐寒性强、生长速度快、耐抽薹（或抽薹晚）、抗病性强的品种，如鲁大葱一号、四季特葱、长悦、改良长悦、改良金长三号、晚抽一本太、郑州笨葱等。秋延后大棚栽培用于鲜葱上市的，应选择耐热、耐寒性均强（苗期耐热、生长中后期耐寒性强，即在低温下生长良好）、抗病性强的品种，如日本品种长宝、明彦、改良明彦、元藏、郑研寒葱等。

第四节　大葱四季栽培技术

一、春播大葱栽培技术

春播大葱有多种方式，北方地区主要有露地直播育苗、地膜覆盖育苗，为了加快培育适龄壮苗，可采用小拱棚、阳畦、塑料大中棚多层覆盖育苗。本书介绍的春播大葱栽培，是指春季播种育苗，夏季栽植，秋季以收获葱白为主的栽培方式。

(一)育 苗

1. 地膜覆盖育苗

(1)苗床准备 苗床宜选土质疏松、有机质丰富、地势平坦、灌溉方便且3～4年未种过葱蒜类蔬菜的沙壤土地块。每667米^{2}施腐熟农家肥3 000～5 000千克、腐熟饼肥100～200千克、三元复合肥25千克,然后耕翻、细耙,整平做畦。一般采用平畦,畦长10米左右,畦宽1～1.2米,畦边起埂,埂高15厘米左右,畦内整平备播。

(2)适期早播 为了争取葱苗有较长的生长期,应适期早播。河南省中部地区播种期一般为2月中下旬至3月初,播种过晚定植时秧苗太小,产量低;播种过早,因气温低,出苗慢,幼苗不够健壮。采用上年新采种子,每667米^{2}播种量为3～4千克,可供栽植0.5～0.6公顷大田。大葱种子种皮坚硬,不易吸收水分,应进行种子处理。具体方法是将种子在清水中浸泡10分钟,捞出秕子杂质,再将种子放入55℃左右温水中浸泡15～20分钟,并不断搅动。也可用0.2%高锰酸钾溶液浸种20～30分钟,再用清水漂净,以杀死种子表面的病菌,捞出稍晾干即可拌土播种。苗床播种一般采用撒播法,播前在播种畦里起出一层土,过筛作覆土备用。畦里浇足底水,水渗后先撒一薄层底土,均匀播种后,再用过筛土覆盖种子,覆土厚1～1.5厘米。郑州市葱农的播种法是播前用铁耙将床畦轻耙2～3遍,将种子拌足量细土,撒播2～3遍,然后用脚并排踩踏一遍,将种子压入土中。还有些农户在撒播后,用铁耙再轻耙2遍,将种子充分混入浅土中,再用脚并排踩踏一遍,然后浇水,出苗多且很好。

(3)除草覆盖 由于覆盖地膜后地温高,土壤湿润,更有利于杂草的生长,通常在覆膜前每667米^{2}用33%二甲戊灵乳油100毫升对水80～100升均匀喷雾,喷药后立即覆盖地膜。人工覆膜时,最好3人1组,1人铺展地膜,另外2人分别在畦两侧培土固定地膜。覆膜要拉紧，避免薄膜贴附在畦面上。膜的两侧，必须用土压严压实，以防风吹，同时能更好地起到增温保温和保湿作用。

(4)地膜管理　覆膜后，要注意防止因刮风等造成的地膜裂口或漏洞，发现地膜破损要及时用土把破口四周压严，防止继续扩大。在多风和风大的地区，可用小塑料袋装土压在地膜上，每隔2～3米压1袋，以防大风揭膜。在覆膜期间，当膜内温度超过25℃时，要注意开口通风降温，以防烧苗。地膜覆盖时间的长短，要依葱苗高及外界温度等情况而定，当苗高顶住地膜时，为防止高温烧苗，应及时揭膜。揭膜前必须逐渐通风，揭膜通风应在下午4时以后进行，加强秧苗锻炼；否则，秧苗会因适应不了外界环境条件而发黄。逐渐通风锻炼5～6天，葱苗基本能适应外界气温时，即可全部揭去地膜，进行露地苗床管理。

(5)苗期管理　幼苗期间苗2～3次，间去小苗、弱苗、病苗、双苗，同时拔除杂草，保证每棵苗有3厘米^{2}以上的营养面积，以利培育壮苗。出苗后到3叶期，要控制浇水，使根系发育健壮，苗床不干旱时不浇水。3叶期后开始浇水追肥，以促进秧苗生长。一般追肥2～3次，每次用肥量不能过多，以少量多次为宜，结合浇水每次每667米^{2}施腐熟粪稀200千克或尿素8～10千克。定植前10天，苗田停止浇水，以锻炼秧苗。经过锻炼的秧苗地上部生长粗壮，地下部根原基增加，以利移栽后发生新根快速生长，并提高抗病虫能力。整个育苗期间，应加强病虫害防治，特别是地下害虫的防治。河南省大葱适宜定植期为6月中下旬，这样，经过100天左右可培育出株高45厘米左右、假茎基部横径1厘米以上、功能叶5～6片的葱苗。对采用春播育苗的葱区来说，定植时应适当加大种植密度，加强肥水管理，同样可夺取大葱优质高产。

2. 小拱棚覆盖育苗　河南省郑州市等地大葱春播小拱棚覆盖育苗分3种规格：一是使用2米幅农膜覆盖1.2米宽床畦；二是使用3米幅农膜覆盖1.8米宽床畦；三是使用4米幅农膜覆盖

2.7 米宽苗畦，一般将苗床再整成 2 个小畦。例如，利用 1.2 米宽床畦，在调整好的畦内，用撒播的方法播种，播后在畦面上用树枝或竹竿支成离地 30～40 厘米高的半圆形棚架，上面覆盖塑料薄膜，四周用土把薄膜压实，棚顶上用竹片弯弓压膜。小拱棚育苗比露地育苗可提前 20～30 天出苗，但生产中应注意出苗后要经常放风透气，对幼苗进行锻炼，待室外温度达到 10℃左右时即可撤去拱棚。

3. 露地直播育苗　露地直播育苗应就早不就晚。河南省可在 2 月下旬至 3 月上旬顶凌播种，播种越晚，幼苗越小，产量越低。春播大葱幼苗移栽时，比秋播苗小，而且叶色淡、叶肉薄、葱白短，不充实，产量较低。苗床准备与地膜覆盖育苗方法相同。播种通常采用干种子。有的地区播前用 50℃～55℃温水浸种 20～30 分钟，或用 0.2%高锰酸钾溶液浸种 20～30 分钟，再用清水漂净，以杀死种子表面的病菌。播前浸种幼苗可提前 1～2 天出土。春播较早，因气温较低，种子发芽慢，需 15～25 天出土。播种后要保持土壤水分充足，地表不板结。出苗前可覆盖一薄层稻草、麦秸等，以保墒防板结。如果土壤干旱可浇小水。出苗时应在傍晚及时揭去覆盖物。其他管理与地膜覆盖育苗相同。

(二)定　植

1. 定植期　大葱对定植期要求不严格，河南大葱栽培一般要求葱苗栽入大田后有 130 天的生长时间，才能实现优质高产，因此在降霜前需要有 130 天左右的旺盛生长时间。华北地区多在 6 月上旬至 7 月上旬定植，定植过早，葱苗较小，生长缓慢；定植过晚，秧苗徒长，易倒伏，且缓苗期正逢高温多雨，易感染病害，田内积水，还易沤根致死。在适期内应及早定植，当雨季和高温来临时，幼苗已经缓苗返青，入秋转凉时，植株已形成强大的根系，可迅速转入葱白生长盛期。河南大葱栽培的前茬多为小麦，麦收后应立即整地定植，否则，遇连阴天造成栽植困难。株型较小的鸡腿葱，可延迟10余天定植。

2. 整地 大葱忌连作重茬，定植地前茬以3年内未种过葱蒜类作物的粮田、菜田为宜，河南省多为麦田。应选地势高燥、土层深厚、排灌方便、地力肥沃的地块栽培。定植前每公顷施足腐熟有机肥7 500～10 000千克，深翻、耙平，南北向挖葱沟。南北向葱沟受光均匀，而且可减轻秋冬季北向强风造成大葱倒伏。定植期接近雨季的地区，栽大葱的地不要翻耕过深，以免土层松散开沟栽植时塌沟，并造成积水涝苗。也可浅耙灭茬，清除杂草，按行距开沟，沟底撒施有机肥料，并刨松沟底，使肥料与土混匀。

3. 合理密植 大葱为圆锥形直立叶片，单株叶数少，适合密植，但为了培土，需要有较大的行距，因此只有缩小株距才能达到密植的目的。行距即开沟的间距，因品种、产品标准不同而异，短葱白品种宜用窄行浅沟，长葱白品种要求宽行深沟。合理的群体结构是既要靠群体夺总产，又要靠单株保质量，当单位面积内群体密度增加到一定范围，增产显著；若再增加密度，总产量提高幅度不大，而单株重降低显著，质量变劣。同样道理，在一定的密度范围内，密度减小，单株重增加，质量提高；但若继续减小密度，单株重却不再增加，总产量反而急剧下降。所以，生产中应在保证质量和总产量较高的前提下适宜密度，一般鸡腿葱要求株行距为5～6厘米×50～55厘米，每公顷栽植33万～36万株，挖沟深8～10厘米，将来单株鲜重可达130～180克、葱白长25～30厘米。长白葱要求株行距为5～6厘米×70～80厘米，每公顷栽植25.5万～30万株，挖沟深15～20厘米，将来单株鲜重可达250克以上、葱白长40厘米以上。短白葱的合理密度介于两者之间即可。

4. 起苗分级 起苗移栽前，育苗畦如果过于干旱，应先浇1次水，保证起苗时干湿适宜。起苗时要尽量保留完整的根系，减少损伤，抖净泥土，剔除病、弱、伤残幼苗和有薹苗。根据葱苗的大小和长短分成3级：一级苗株高60厘米以上，单株重60克以上，6 枚叶片以上，葱白长 30 厘米左右、横径 1.5 厘米以上；二级苗株高 50 厘米左右，单株重 40 克左右，5 片叶，葱白长 25 厘米左右、横径 1 厘米以上；其余为三级苗或等外苗。大小苗要分别栽植，大苗应略稀植，小苗稍密植，三级苗及等外苗尽量弃置不用。用一级苗栽植，每公顷需用葱苗 9 000～15 000 千克；用二级苗栽植，每公顷用葱苗7 500千克以上，易获得高产。起苗时要边起边运，随运随栽，以利于缓苗和生长快。葱苗忌长时间堆放或暴晒，当天用不完的葱苗应放在阴凉处，防止发热、捂黄或腐烂。

5. 定植方法　大葱栽植方法有排葱和插葱 2 种。鸡腿葱和短白葱品种适用排葱法，排葱法是沿沟壁较陡的一侧按株距摆放葱苗，葱根稍压入沟底的松土内，再用锄从沟的另一侧取土，埋在葱秧外叶分杈处，然后用脚踏实，再顺沟浇水。排葱法栽植快、用工少，但葱白下部不直，影响外观质量。插葱法适用于长白大葱品种，方法是把葱苗基部放在栽植处，用木棍下端压住从根基部垂直下插，葱苗随木棍进入沟底的松土中。先浇水，待水渗下后插栽为“水插”；先插栽，后浇水为“干插”。插葱时，葱叶的分杈方向要与沟向平行，这样田间管理时可少伤叶。大葱苗的栽植深度，要掌握上齐下不齐的原则，即葱苗心叶处距沟面以 7～10 厘米为宜。过浅容易倒伏，且不便于培土；过深不利于缓苗，幼苗易窒息不旺，甚至腐烂。

6. 田间管理

(1)*缓苗越夏期管理*　大葱定植后，缓苗期结束时正值炎夏多雨季节，原有的须根很快腐朽，又发出少量新根。由于气温高植株生长异常缓慢，属顽强忍耐的缓苗期，株高、株重有减无增，此时其耐高温、耐旱能力，远比耐涝能力强得多。所以，此期宁旱勿涝，一般不必浇水；雨后及时排水，切忌积水，让根系迅速更新，植株返青。插葱时，木棍在拔出后留下的小洞俗称葱眼，要注意保留，勿堵塞，使其通风透气，任风吹日晒，称晒葱眼。保留葱眼有防止水渍根引起葱苗腐烂的作用。越夏缓苗期不浇水、不追肥，只浅中耕松土，及时拔草，改善土壤的通气性。

(2)植株生长盛期管理

①浇水　初秋天气转凉，葱苗开始生长，但气温仍然较高，植株生长较缓慢，对水分要求不高，应少浇水。浇水应在早晨和晚上进行，忌在中午浇水，以免骤然降低地温影响根系生长。立秋后，常有雷阵雨降临，有的年份还会出现伏旱或秋旱，有的年份阴雨连连，生产中要看天、看地、看苗酌情浇水。看天，就是看降雨量，空气湿度和温度的高低，蒸腾量的大小等因素；看地，就是看土壤含水量的大小，地下水位的高低和土壤质地及土壤保水能力；看苗，就是看大葱生长表现，如果叶片上冲、挺拔，叶色淡绿，叶管表面蜡粉薄，叶管内充满涕状黏液，为水量充足；如果午间叶片下垂萎蔫，叶色浓绿发暗，生长点卷缩，叶面蜡粉加厚，则为缺水；如果叶片由浓绿色变为黄绿色，或叶片干尖，叶肉薄而下垂为严重缺水。8月下旬，华北地区日平均温度在24℃以下时，大葱进入生长盛期，每7～8天即可长出1片叶，此期应加强肥水管理，一旦因缺肥水影响旺盛生长，则会严重降低产量。在不降雨的情况下，土壤墒情不足，一般每4～5天浇1次水，水量要大，沟内渗水要均匀。高产地块降霜前需浇水7～8次，保持地面湿润。霜降以后气温下降，大葱基本长成，进入假茎充实期，植株生长缓慢，需水量减少，但仍需保持土壤湿润，此期可浇水1～2次，使假茎灌浆，叶片肥厚，充满胶液，葱白鲜嫩肥实。如缺水干旱则叶片枯软，葱白松散，产量降低，品质变劣。收获前7～10天停止浇水，以便于收获和贮运。

②追肥　大葱生长期较长，需肥较多，适时追肥是高产优质的重要措施。大葱追肥应分期进行，葱白生长初期，炎夏刚过，天气转凉，植株生长逐渐加快，应追1次攻叶肥。此时华北地区约在8月中旬，可每公顷施三元复合肥225～300千克，或尿素、硫酸钾各

225 千克，或腐熟有机肥 15 000～22 500 千克。肥料施沟脊，中耕混匀，再锄于沟内，而后浇水。进入 9 月上旬，气温降至大葱生育的适温，葱白进入生长盛期，是产量形成最快的时期，此时大葱需肥最多，应施攻棵肥，此次追肥量应相等或稍多于第一次追肥量。追肥后培土于大葱两侧，使原有的垄背变成垄沟，并及时浇水，以满足大葱迅速生长的需要。9 月下旬至 10 月上旬，华北地区气候凉爽，是大葱光合产物加快运转贮存、葱白产量显著累增的时期，也是产品形成前需肥的高峰期。此时在大葱和小麦套作栽培区，正值小麦播种期，为使小麦有充足的基肥，应重追 1 次肥，一般每公顷施腐熟有机肥 60 000～75 000 千克、三元复合肥 375 千克或加尿素、过磷酸钙各 300 千克。此肥兼有保证大葱优质丰产和供给套种小麦需要的双重作用。进入 10 月份后，由于肥料已足，叶片数及叶面积已增至顶峰，故不需再追肥。为了促进细胞分裂、增强叶片光合作用、提高产量，从 8 月上旬开始，每 20 天左右喷施 1 次叶面肥，共喷 3 次。叶面肥可选用磷酸二氢钾、喷施宝、澳洲液肥、硕丰 481 等，喷施浓度参考产品说明书。

③培土　培土是栽培大葱的一项重要管理措施。适当培土，有防止倒伏、软化假茎、提高葱白产量和质量的作用。葱假茎的叶鞘细胞伸长时，需要黑暗与湿润的环境条件，并要有营养物质输入为基础，培土可提供假茎叶鞘细胞需要的环境条件。一般来说，培土越高，葱白越长，葱白组织也较洁白和充实。但是，葱假茎的长短主要取决于品种特性、肥水管理和有无病虫害等因素，培土可加长假茎的软化部分，但对假茎总长度没有明显的影响。因此，培土高度要适当，短葱白品种培土高度（即假茎埋入土中的长度）为 20 厘米左右，长葱白品种培土高度为 30～40 厘米。培土应注意季节，高温季节不可培土，否则假茎埋入土中过深易腐烂。培土次数不宜过多，频繁培土不仅增加工作量，而且不可避免地伤根伤叶，影响大葱生长积累。培土不要 1 次过深，否则易埋住功能叶，引起

叶片腐烂。每次培土的厚度为3～4厘米，将土培到叶鞘和叶身的分界处，即只埋叶鞘，勿埋叶片。华北地区从8月上旬(立秋前后)开始培土，一般培土3～5次。短葱白品种到9月初培土2次，平沟，9月中下旬再培土1次。长葱白品种8月上旬至9月上旬培土3次，平沟，至收获前再培土2次。培土时应注意取土宽度勿过宽，亦勿过深，以免伤根；培土应拍实，防止雨冲或浇水塌落；土壤过干过湿均不宜强培土；培土宜在下午叶片柔软时进行，上午脆嫩时培土易损伤叶片。

④疏松土壤　由于大葱定植时未进行深翻耕，土壤较紧实，不仅影响大葱根系生长发育，而且不便于培土。为此，8月中旬后，在雨季接近尾声时，应在大葱行间的土壤上，喷施免深耕土壤调理剂，一般每667米^{2}用药2200克，加水100升，注意尽量不要喷葱叶。喷药后20天左右，50厘米深的土壤均疏松通透。这样，不仅大葱根系发育良好，有利于高产，而且便于培土操作。

7. 大葱收获　大葱可以根据市场的需要随时收获上市。华北地区9～10月份以鲜葱上市，鲜葱叶绿质嫩，含水量大，即购即食，不能久贮。供越冬贮藏上市的大葱，要尽量延迟采收时间。收获过早，气温尚高，不易贮藏，而且心叶还在生长，葱白未充分长成，产量低；收获过晚，葱白易失水而松软，影响产量和品质。同时土壤结冻，不但不便于收刨，收刨后还会因冻而腐烂。适宜的采收期为土地即将封冻前，在气温下降至8℃～12℃，植株地上部生长明显停滞，产品已长足，管状叶内水分减少，叶肉变薄下垂时，应及时抢收。大葱收获一般用窄镢头深刨。收获时注意勿损伤假茎、拉断茎盘或断根，以免降低商品质量。收获后，抖净泥土，摊放在地内，2～3行铺成1排，原地晾半天后把根部放齐，每5～10千克1捆，用稻草在大葱中部捆2～3道，进行贮藏或运输。收获应避开早晨霜冻或低温结冻时间，要在解冻后进行，以减少收获时对叶片造成损伤。

二、秋播大葱栽培技术

秋播大葱栽培，是指秋季播种育苗，夏季栽植，秋季以收获葱白为主的栽培方式。应选择抗性强、商品性好的优良品种，如章丘大葱系列、高脚白、五叶齐、日本葱、郑研寒玉等。

(一)育　苗

1. 播种时间　北方大部分地区以秋播大葱为主。华北地区秋播以9月下旬为宜，严寒地区还应提早，温暖地区可稍推后，河南中东部地区多在9月中下旬播种。适宜播种期的确定标准是：幼苗越冬前有50～60天的生育期，3～4片真叶，株高10厘米左右，横径5～6毫米。这样的生理苗龄，幼苗既能够安全越冬，又可减少翌年先期抽薹现象。秋播时，平均旬温度为16.5℃～17℃，保证有效生长积温(7℃以上)660℃～700℃即可。秋播过早，翌年先期抽薹现象严重；过晚，幼苗过小，冬季易冻死。

2. 播种量　大葱育苗的适宜密度为每667米^{2}10万株，秋播出苗数应不少于20万株，以防冬季冻死弱苗，并预留少量间苗。春播每667米^{2}应有15万株苗，以备间苗和少量自然死苗。大葱种子的发芽率不高，一般为75%左右，根据发芽率和出苗率计算，秋播每667米^{2}用种子2～3千克。如苗床土壤较干旱、盐碱度较高，或种子发芽率较低，可适当增加播种量。播前进行种子发芽率试验，其方法有以下两种：一是冷水浸泡发芽。将100粒种子用自然温度的水浸泡在容器内，水是种子的5倍，种子将水吸干后不再加水，放置3天后用净水冲洗1次，盖上棉被，放在炕头温暖处或阳光下照晒，任其自然发芽，按实验发芽粒数求出发芽率、发芽天数和发芽积温。播前15天进行。二是高温快速发芽。将100粒种子用纱布包缝起来，然后用线将种包吊放在盛有半瓶100℃水的暖水瓶中，浸泡5～10分钟后，将种子包提出水面悬于暖水瓶空间中，盖上暖瓶塞，用热气补给种子温度，30 分钟后取出，按发芽粒数求出发芽率，若发芽率较低，可再悬挂 20 分钟后再数。发芽率低于 50%的种子不能使用，发芽率在 50%以上的要酌情加大播种量，以保全苗。种子处理方法同春播育苗。

3. 播种方法 播种方法有撒播和条播 2 种，撒播是先在播种畦内起出一层细土作覆土，畦内浇足水，待水渗下后，再将种子混入 3～5 倍的细沙或干净细土，混合均匀后撒在育苗地里，来回反复撒播几次，以保证播种均匀，然后覆土厚 1～1.5 厘米。撒播法墒情好，覆土均匀不板结，出苗率较高。土壤墒情好时，也可不浇水，先撒种，再盖土、踩实(即干播)。条播是在畦内按 15 厘米左右的行距开深 1.5～2 厘米的浅沟，将种子播在沟内，搂平畦面，踩实。

4. 苗期管理

(1)冬前幼苗管理 秋播后 6～8 天即可出齐苗。春播较早时，因气温较低，发芽慢，需 15～25 天出齐苗。在此期间要保持土壤水分充足，地表不板结。出苗前可轻耙 1 次畦面，以保墒防板结，如土壤干旱可浇 1 次小水。幼苗冬前生长期，温度渐低，生长缓慢，应控制肥水，防止秧苗长得过大或徒长。一般冬前浇 1～2 次水，即出齐苗后浇 1 次小水，土壤封冻前浇越冬水。浇水应根据土壤墒情进行，土壤不干旱也可不浇水。浇封冻水后，可在育苗畦面薄薄地撒一层(1～2 厘米厚)细马粪、土杂肥或草木灰，以利防寒保墒，使幼苗安全越冬。注意覆盖不能过厚，否则易生热烂苗。大葱苗越冬前生长正常的标准是：株高 10 厘米左右、2 叶 1 心，幼苗鳞茎基部直径 0.3 厘米以内，苗壮而旺。幼苗过大，翌年先期抽薹现象严重；过小，则易冻死。

(2)春季幼苗管理 春季日平均温度达到 13℃时，把育苗畦中覆盖的碎草搂出畦外，然后浇返青水。返青水不宜浇得过早，以免降低地温。有条件时，结合浇返青水，每 667 米^2 冲施腐熟有机肥料 300～500 千克，然后中耕、间苗、除草。间苗时拔除弱苗、密苗，苗距保持 7～8 厘米。秋播苗浇过返青水后，蹲苗 10～15 天，使幼苗生长粗壮。蹲苗后幼苗进入旺盛生长期，生长显著加快，要增加浇水次数，保持土壤见干见湿。幼苗开始旺盛生长时，河南中部一般在在 4 月上旬至 5 月上旬，进行第一次追肥，随后喷施 1 次硕丰 481 叶面肥 10 000 倍液，促进叶片细胞分裂，加速幼苗生长发育；大葱苗旺盛生长中期，约 5 月下旬进行第二次追肥，每次每 667 米^2 追施尿素 7～10 千克。第二次追肥后喷施 1 次硕丰 481 叶面肥 10 000 倍液。大葱苗高 50 厘米左右、有 8～9 片叶时，即在定植前 10～15 天停止浇水，锻炼幼苗，使叶片粗壮、假茎紧实，以利移栽缓苗。一般每 667 米^2 大葱苗可定植 3 335～5 336 米^2 大田。

大葱定植时的壮苗标准是：单株重 40 克左右，株高 50 厘米左右，葱白长 25 厘米左右、直径 1 厘米左右，管状叶浓绿色，每株5～6 片叶，具有本品种的典型性状。

(二)定　植

中原地区秋播大葱定植时间一般为 5 月底至 6 月初。两季作地区，在前茬作物（多为小麦）收获后，尽早浅耕灭茬，然后按行距 60～80 厘米南北向开沟，沟深 15～20 厘米。单季作地区，在冬闲地定植的可以直接开沟。定植前结合整地每 667 米^2 施有机肥 4 000～5 000 千克、生物酵母肥 1 千克、饼肥 100 千克，或三元复合肥 30 千克作基肥。基肥撒施于沟内，深锄 30 厘米，使肥土混合均匀，并将沟内土壤搂细耕平。葱苗随起随定植，并按大小苗分级。葱白较短的品种，可用排葱法栽植，即先把沟的一侧修整齐，使其高低一致。然后在此侧按株距 3～5 厘米排放葱苗，取另一侧的土盖于葱苗基部，稍镇压后，顺沟浇水。章丘大葱等长葱白品种可用插苗法栽植，即在沟中央用特制的葱插子，将葱苗按株距 5～6 厘米插入土中，葱入土深 6～7 厘米，将葱行两边的土镇压后，顺沟浇水为干插；先灌水后插葱则为水插。

三、青葱四季栽培技术

（一）栽培模式

黄淮流域，一般大葱品种作青葱栽培，在一定设施条件下可一年四季播种，幼苗长至6～8片叶时收获。青葱四季栽培主要模式有：春季和秋季露地栽培、夏季拱棚及日光温室覆盖遮阳网栽培、早春拱棚栽培和越冬保护地栽培。越冬保护地青葱栽培主要有3种模式：一是中大棚套中小拱棚多层覆盖青葱越冬栽培。二是拱棚覆盖草苫或保温被越冬青葱栽培。三是日光温室青葱越冬栽培。

青葱栽培一般采取直播方式；不分蘖大葱或分蘖性弱的大葱作中葱栽培、脱水加工葱栽培及保鲜出口青葱栽培，采取育苗移栽方式；分葱采取分株方式栽培。

（二）栽培茬口安排

1. 青葱茬口安排　一是1月份至2月上中旬，简易日光温室内播种，平畦撒播，3～5月份小青葱上市。二是2月上中旬，大、中、小拱棚内播种，平畦撒播，5月份小青葱上市。也可5月份至6月上中旬移栽，8～9月份收获青葱上市。三是2月下旬至6月份，露地平畦撒播，5～9月份收获青葱上市。四是8月下旬至9月上中旬播种育苗，10月中下旬宽畦密植移栽，露地越冬，翌年3～4月份摘除花蕾，4～5月份青葱上市。五是9月中下旬播种育苗，苗床露地越冬，翌年3～4月份小青葱上市。六是10月份播种育苗，翌年5月份移栽，7～8月份收获青葱上市，或翌年6月份移栽，10～11月份收获上市和冬贮。七是8月下旬至9月上旬日光温室内播种，10月中旬扣棚，12月份至翌年2月份小青葱上市。

播种量：小葱每 667 米^2 用种量为 3～4 千克，中葱用种量为 1.5～2 千克。

2. 脱水及保鲜出口青葱茬口安排　脱水加工及保鲜出口青葱，河南省也可作时令鲜葱栽培，一般采取育苗移栽方式。主要茬口安排：一是 2 月下旬至 3 月上旬小拱棚或地膜覆盖育苗，5 月上中旬露地定植，7 月下旬至 8 月上中旬收获。二是 3 月下旬至 6 月上旬每月各育苗 1 次，6 月上旬至 8 月上旬每月各定植 1 次，8 月下旬至 11 月中旬分批收获。三是 6 月中下旬育苗，8 月中下旬定植，11 月下旬至翌年 4 月份收获。若采取小拱棚、中型棚、大棚栽培 11 月下旬至 12 月份出售；采取简易日光温室栽培翌年 1～3 月份出售，采取中型棚、大棚栽培 4 月份出售。四是 8 月下旬至 9 月上旬育苗，11 月上旬采取小拱棚、中型棚、大棚栽培，翌年 5 月份收获。五是 10 月下旬至 11 月上旬中小拱棚育苗，翌年 3 月份露地定植，6 月份至 7 月上中旬收获。

3. 分葱茬口安排　分葱分株栽培，河南省露地栽培以春、秋两季为主，随着设施栽培与间套作技术的推广应用，夏季栽培面积有扩大趋势。河南省露地春葱移栽，可在 2 月中下旬土壤解冻后进行，4 月下旬或 5 月初开始采收，为提早上市可在移栽前覆盖地膜，实行地膜栽培。伏葱一般于 6 月份移栽，越夏保种，用作秋季种苗。秋葱一般于 8 月初至 9 月中旬移栽，10 月中下旬开始上市。冬季大、中、小拱棚及日光温室青葱栽培，同早春栽培。

(三)管理技术

1. 苗期管理　青葱育苗和苗期管理同春播、秋播大葱。普通大葱作青葱栽培，多进行种子直播栽培，在苗畦直接管理。

2. 定植及定植后管理

(1)脱水加工及保鲜出口青葱

①定植　定植最佳时期为葱苗高 25～30 厘米、直径 4～5 毫米。日本大葱品种产量高，需肥量大，定植田必须施足基肥。结合

整地每 667 米^2 施充分腐熟圈肥或沤制土杂肥 4 000～5 000 千克、腐熟饼肥 100～150 千克、过磷酸钙 50 千克、硫酸钾 20 千克、尿素 30 千克(近几年河南开封地区农民每 667 米^2 施腐熟干鸡粪 3～5 米^3)。为预防地下害虫,每 667 米^2 可撒入 90%敌百虫晶体 1.5 千克,也可定植后每 667 米^2 用 40%辛硫磷乳油 1 千克或 48%毒死蜱乳油 1～2 千克浇水时冲施。起苗后要对苗进行分级,按大、中、小苗分类定植,以利于以后分批出售。定植株行距均为 15～17 厘米,每穴栽 2 株,定植深度为 3～5 厘米。不同栽培方式其定植密度不同,一般为:露地＞中棚＞大棚＞温室。

②田间管理　保护地栽培,适宜温度为 15℃～25℃、土壤相对湿度为 70%～80%、空气相对湿度为 60%～70%。11 月中下旬开始扣棚,12 月中旬至翌年 2 月中下旬加盖草苫。生产中根据棚内温湿度情况适时放风,防止温湿度过高或过低,以免高湿诱发病害、高温高湿造成葱秧徒长,造成品质和产量下降。全生长期共追肥3～4 次,以三元复合肥和尿素交替施用最好,每次每 667 米^2 施肥量为 15 千克。同时,加强中耕除草。

(2)分　葱

①定植　前茬作物收获后随即耕翻、施肥,一般每 667 米^2 施腐熟厩肥或粪肥 2 000～2 500 千克、蔬菜专用肥 25～30 千克。施肥后精细整地做畦,畦宽 1.5～2 米,沟宽约 40 厘米,沟深 15～20 厘米。分葱栽培应选择地势平坦、灌排条件好、土壤肥沃的田块,不宜多年连作,一般 1～2 年与非葱蒜类蔬菜作物进行换茬。移栽时间应根据茬口安排灵活掌握。移栽前将母株挖起,将根部过长的根须剪掉,用手将株丛拨开,拨开的分株应有茎盘与根须。移栽的株行距为 12～13 厘米×13～15 厘米,每穴栽 2～3 株,栽深 2.5～3 厘米,栽后及时浇好活棵水。

②田间管理　葱株活棵后及时追施薄粪水或每 667 米^2 施尿素 5 千克作促蘖肥。由于分蘖吸收肥水的能力较弱,不耐浓肥,也

不耐旱、涝，肥水必须少施勤施。生长期一般12～15天追肥1次，每次每667米^{2}追施尿素5～8千克、氯化钾4～5千克，施肥与浇水相结合，保持土壤湿润。收获前15～20天增施氮肥，每667米^{2}可追施尿素15千克，同时喷施喷施宝、澳洲液肥、磷酸二氢钾等叶面肥（使用浓度、用量按产品说明书要求），促使植株嫩绿。分葱的病害主要有霜霉病、紫斑病、锈病、软腐病等，虫害主要有斜纹夜蛾、棉铃虫、葱蓟马、潜叶蝇和地蛆、蛴螬等，应注意防治。分葱移栽前每667米^{2}用33%二甲戊灵乳油100～150毫升对水15～20升，对土壤进行封闭处理。分葱生长期间，每667米^{2}用35%精吡氟禾草灵50～100毫升（多年生杂草130～160毫升）对水30升，喷洒茎叶。

③适期采收　分葱移栽后3～4个月株丛繁茂，达到采收标准时即可采收。采收前1天田间适量浇水，起好的葱株去枯叶、黄叶、病叶后上市销售。

四、香葱栽培技术

分蘖香葱香味浓郁，营养丰富，适应性强，生长期短，不易感染病虫害，栽培容易，一般露地在春、秋两季种植，保护地除夏季外全年均可种植，夏季可采用覆盖遮阳网种植。播种或移栽前每667米^{2}施腐熟、细碎有机肥3000千克或膨化腐熟后的鸡粪1000千克以上。做宽1.5米、长8～10米的畦，夏季和低洼易涝的地块做高15～20厘米的高畦，四周挖排水沟。育苗采用条播或撒播，条播行距10厘米，覆土1.5～2厘米厚，每667米^{2}用种子2～4千克，播种后40～50天即可移栽。栽植密度一般按3～5株为1穴，行距10～15厘米，穴距5～8厘米。栽植深度以4～6厘米为宜，栽后及时浇定植水。也可播种后不经移栽直接采收。生产中分蘖香葱品种不同栽植密度也不一样。例如，上海细香葱行距10厘米左右、穴距8厘米左右，每穴栽分蘖苗2～3株，栽深3厘米左右。

日本香葱每 667 米^2 播种量为 1 千克左右，直播田在畦面开沟播种，沟距 10～15 厘米，出苗后适当间苗，株距保持 2～3 厘米，每 667 米^2 保苗 18 万～22 万株；育苗移栽行距为 10 厘米左右，穴距 3～5 厘米，每穴栽 2～3 株，每 667 米^2 保苗 20 万株左右。

出苗前后和移栽成活后土壤不能干旱，宜采用小水勤浇。幼苗 1～3 叶期和移栽缓苗后控制浇水，可中耕松土 1～2 次，以促进根系生长，以后一般 7～10 天浇 1 次水。若基肥施用偏少，或采收期过长应追肥 1～2 次，每次每 667 米^2 追施腐熟膨化鸡粪 300 千克，撒于行间并及时中耕，若开穴施用则效果更好。生长后期根部应培土 1～2 次。夏季温度高、光照强，要搭棚架覆盖遮阳网进行遮阴降温。

栽植成活后开始分蘖，分蘖上可再抽生二次分蘖。一般在栽后 2～3 个月株丛较繁茂时即可采收，如暂不采收，可留田继续生长，陆续采收到冬季。也可对每 1 株丛拨收一部分分蘖，留下一部分分蘖继续培肥管理，待生长繁茂后再收。用于初加工的日本香葱，移栽后苗高 30～35 厘米、假茎横径 0.5～0.6 厘米时即可采收。采收前 1 天在田间适量浇水，起好的葱株去枯叶、黄叶、病叶，采用保鲜、速冻、脱水等方法进行加工转化。保鲜的香葱要求除去根须和部分葱叶，用保鲜袋包装好，装入纸箱内，置于温度为0℃～1℃、空气相对湿度为 90%的条件下，可保鲜 1～2 个月；速冻的香葱经过清理、清洗、切段、烫煮、冷却、快速冻结、包装、贮存等工序后，将冻结的葱用薄膜食品袋包装好，放入大纸箱内，贮存在－18℃以下的冷库内；脱水的香葱经过清理、清洗、切片、烘干、分级分装等工序后，将制成的葱片装入聚乙烯薄膜袋内，放在瓦楞纸箱内，贮藏在恒温库内。

五、大棚大葱栽培技术

大棚羊角葱栽培，大葱苗龄为 60 天。华北、东北及西北中南部地区8月中下旬至9月初定植，东北和西北北部地区8月初定植。定植前及时清除前茬作物，深翻土地30厘米，结合整地每667米^{2}施腐熟有机肥4 000～5 000千克。采取小垄密植栽培，按棚的横向起垄，垄距30～35厘米，将葱苗栽入垄沟，株距3～4厘米，栽后浅培土，稍稍拍压，然后浇水。栽后15天进行第一次中耕，结合中耕培土3～4厘米厚。生长期每隔15天培土1次，共培土3次。每次培土前2～3天浇1次水，生长期共浇水3次。地封冻前浇1次大水。翌年早春的扣棚时间与小葱栽培相同，一般为3月下旬至4月初，以保温防寒。返青后中午棚温达到25℃以上时打开两头棚门进行通风。一般情况下不浇水，如果土壤干旱，返青后可浇1次小水。新叶长出20厘米左右时即可上市。

第五节　大葱贮藏保鲜技术

一、大葱采收与采后处理

(一)大葱采收

大葱的收获期因各地栽培形式、气候条件、市场需要和生长状况而异。以葱叶及假茎为产品的，从4～5叶期开始即可分次采收，称葱苗或青葱。从定植后40天起，可每隔30～40天采收1次，直至翌年3月份，每667米^{2}可采收300～500千克。3月份以后，宜将葱苗另地栽种。采收过早，产量低；采收过迟，叶质较硬，常有"焦尾"现象出现，且病虫害多，品质差。也可在定植后60～80天一次性采收。采收的青葱洗净，除去枯、黄叶，剪短根系，成束捆绑上市。

以假茎为产品的，一般当气温降至8℃～12℃，植株外叶生长基本停止，叶片变黄绿色，产品已经长足，产量达到高峰，在土壤封冻前15～20天为收获适期。在未达到产量高峰之前，市场紧缺，价格较高，此时收获虽然减少了产量，但产值较高。如果因为定植时葱苗小等原因，造成在土壤封冻前仍不能达到采收标准要求的大葱，可以留在地里不收，等到翌年早春返青萌发后作羊角葱出售。有条件的也可刨收贮藏，根据市场需求严冬时可随时在温室作为发芽葱出售。

大葱的产量高峰期是在管状叶生长达到顶峰时，如果叶片和假茎同时食用，此期应为收获适期。但若作为贮藏用干葱，在贮藏过程中，叶片逐渐萎蔫，养分转移到假茎(葱白)中，最后叶片全部干缩，只剩下假茎，虽然干物质的损失不太严重，但是重量的下降非常明显，所以冬季贮藏大葱在大葱产量高峰期收获是不科学的。越冬干贮大葱应在晚霜后、土地封冻前收获，经过降温和霜冻，葱叶已经变黄枯萎，水分减少，叶肉变薄下垂，养分大部分输送到假茎中，假茎变得充实，此时正是冬贮干葱的收获适期，应及时收获。

冬贮大葱的适收期随各地的气候条件不同而异，河南、山东等地在 11 月中下旬，辽宁南部多在 10 月中下旬，北京在 10 月底。如果收获过早，新叶还在生长，葱白未充分长成，干葱的产量低。同时，由于此期呼吸作用还比较旺盛，消耗养分较多，葱白易松软、空心，不耐贮存；收获晚了，假茎易失水而松软，影响葱白的产量和品质，而且大葱易在田间受冻，引起腐烂。农谚有“霜降不收获，必得半截空”。

收获大葱注意事项：一是要在晴天、土壤干燥时进行。二是采前 10～15 天不可浇水，否则，大葱收获时带泥，且含水分多，不耐贮藏。三是大葱收获应避开早晨霜冻，因为霜冻后的大葱叶片挺直脆硬，容易碰断失水，还容易感染病害腐烂而影响产品质量。收获时可用大镐在大葱的一侧刨至须根处，把土拨至外侧，露出大葱基部，然后用手取出大葱。注意不要猛拉猛拔，以免损伤假茎、拉断茎盘或断根而降低质量及耐贮性。

收获后的大葱应抖净泥土，摊放在地里，每 2 沟葱并成 1 排，在地里晾晒 2～3 天。待叶片柔软、须根和葱白表面半干时，除去枯叶，分级打捆，每捆 10 千克左右。打捆时根端取齐，用稻草束捆 2 道腰，捆好后不可随便堆放，以防发热腐烂。

(二)采后处理

如果将大葱作为鲜葱上市，须将收获后的大葱去枯叶、黄叶，抖去泥土，然后根据不同的销售目的所要求的标准再做进一步加工处理。经过初步整理的大葱产品，还需进行分级处理，才能称得上商品。同时，还要根据不同的销售对象，确定标准后再进行分别包装。作为净菜上市的大葱分级后应按同一品种、同一规格分别包装，每批产品的包装规格、单位、质量应一致。每件包装的净含量不得超过 10 千克，误差应不超过 2%。包装物大小要求一致、牢固，并保持干燥、清洁无污染，其中包装用原纸和聚乙烯成型品必须符合国家无公害蔬菜包装品卫生标准。包装物外必须注明无公害农产品标志、产品名称、产品的标准编号、生产者名称、产地、净含量和包装日期等。

二、大葱贮藏方法

(一)常规贮藏

大葱喜低温干燥的环境条件，贮藏时温度超过 3℃～5℃，葱堆内会发热霉烂。利用冬季自然低温环境条件，也可贮存越冬，随时满足市场需要。大葱假茎可耐受－20℃的低温，结冻的葱白在 0℃以上条件下可以缓慢解冻，细胞仍具有生活力，因此大葱适用低温微冻贮藏。大葱低温贮藏的适宜温度为 0℃，空气相对湿度为 85%～90%；微冻贮藏的适宜温度为－3℃～－5℃；常温短期贮存的适宜空气相对湿度为 80%，湿度过高易腐烂。用于长时间贮藏的大葱，应选用可溶性固形物含量高的品种，并要适时晚收；收获过早，耐贮性下降。大葱常用贮藏方法有以下几种。

1. 沟贮法 大葱收获后，就地晾晒数小时，再除去根上的泥土，剔除病株、伤株，捆成10千克左右的捆，于通风良好的地方堆放6天左右，使大葱外表水分完全阴干。然后选择背阴通风处挖沟，沟深33厘米左右、宽1.5米左右，长度以贮量而定，沟距50～70厘米。若沟底湿度小，可浇1次透水，待水全部下渗后，把葱一捆挨一捆地排放在贮葱沟内，使后一捆葱叶盖于前捆葱的上部，最好再用30～35厘米长的玉米秸靠葱捆周围插1圈，以利于通风散热，然后用土埋严实葱白部分。在严寒到来之前，再用草苫或玉米秸稍加覆盖，这样可贮藏至翌年3月份。

2. 埋贮法 将经过晾晒、挑选捆把的大葱放在背阴的墙角或冷凉室内，底面铺一层湿土，葱的四周用湿土培埋至葱叶处即可。若在室外埋藏，严寒来临前可加盖草苫防冻。此方法不需要挖沟，室内、室外均可采用。

3. 干贮法 将适期收获的大葱晾晒2～3天，抖落根上的泥土，剔除病株、伤株，待七成干时，扎成1千克左右的葱把，根部向下一把挨一把地排放在干燥通风处。在贮藏期间注意防热防潮。此方法适宜于家庭贮藏。

4. 架贮法 用竹竿或其他架材搭成2～3米高的贮藏架，约50厘米厚为一层，每架放4～6层。将经过晾晒的大葱，捆成5千克左右的葱捆，单层摆放在贮藏架上。若是堆放，通常在垛堆中间插放1捆玉米秸作为通秆风口，以利通风透气，避免腐烂变质。此法通风好，占地少，但水分损耗大，还需要用一定的架材。

5. 空心垛藏法 在地势高、平坦、排水方便的地方架仓棚，或在露地用土垫垛基30～40厘米高。把经过贮前晾晒处理捆好的大葱，根向外、叶向内，垛成空心垛。为保持稳定，每垛高70～80厘米时，可横竖相间放几根小竹竿，一直垛至2～3米高。垛顶覆盖苇席或草苫，防止雨淋造成腐烂变质。

6. 假植贮藏 在庭院内或地里挖1个浅平地坑，将立冬后收获的大葱，除去伤株、病株，捆成小捆，假植在坑内，用土埋住葱根和葱白部分。埋好后用大水浇灌，增加土壤湿度，促进新根萌发，减缓葱叶干枯，延长保鲜时间。此法适宜于农户贮藏。

7. 冻贮法　大葱收获后，晾晒几天，待叶片萎蔫后，剔除伤株、病株，抖掉泥土，捆成小捆。放在空房或室外温度变化小、阴凉、干燥的地方，不加任何保温设施任其自然冷冻至严冬，贮藏的大葱全部冻结，待天气转暖时，大葱即可自然解冻。农谚说："不怕冻，就怕动"，大葱在结冻期间切勿搬动，否则回冻后易引起腐烂。

8. 露地越冬贮藏　种植的大葱到收获季节后不收获，在土地结冻之前，对大葱地垄进行高培土、厚培土。此方法可根据需要随时挖出上市，出售鲜葱，适宜于菜农采用。

9. 平地贮藏法　在背阴处的平地上铺 3～4 厘米厚的干沙，将晾干捆好的大葱根朝下密排在沙上，排好后在四周葱根部培约 15 厘米厚的沙子，等到葱捆内部凉透有微冻时，上面盖草苫，防雨防晒。

10. 浅沟贮藏法　在阴凉通风处挖深 20～30 厘米、宽 50～70 厘米的浅沟。把选好、晾干的大葱捆成 10 千克的捆，然后一捆一捆地栽入沟内，四周用玉米秸围一圈，气温降低至 0℃以下时，顶部加盖草苫或玉米秸。

11. 窖藏法　采收后晾晒数天，把大葱捆成 10 千克左右的捆，直立排放于干燥、有阳光、避雨的地方晾晒。当气温降至 0 ℃以下时，放入窖内贮存。窖内保持 0℃低温，注意防热防潮。

12. 冷库贮藏法　将无病虫害、无损伤的大葱捆成 10 千克左右的捆，装入箱或筐中，放入冷库堆码贮藏。库内温度保持 0 ℃～1℃、空气相对湿度保持 80%～85%。贮藏期间要定期检查，及时剔除腐烂变质的葱株。

13. 短期保鲜　在阴凉靠墙的地方挖 1 个 20 厘米深的平底坑，坑底铺 0.3 厘米厚的沙子，坑的四周用砖围住，坑的大小根据贮量而定。大葱收获后，先在坑内浇灌 6～7 厘米深的水，待水渗下后立即将大葱放入池内，每隔 3～4 天从池的四角浇些水，这样可保鲜 1 个月左右，大葱叶片不变黄、不干巴。也可选择大小均匀、粗细一致、葱白较长(20 厘米以上)的大葱，放在粗加工操作台上切叶、切须、冲皮，并把明显的劣葱(弯曲、烂叶、机械伤、病虫斑)分拣出来，进行筛选分级，然后用真空包装机进行真空保鲜密闭包装。

大葱反复上冻，又反复解冻，会增加损耗，降低品质。因此，无论使用哪种贮藏方法，均要尽量做到使温度低而稳定，不可忽冷忽热。

(二)冷库贮藏

1. 冷库贮藏程序

(1)预贮　大葱采收后，于田间或阴凉通风处进行晾晒，当葱茎外表层组织干爽时，除去根上的泥土，剔除病株、伤株，按 10 千克左右 1 捆放入包装箱或筐中，在阴凉干燥处进行预贮，注意避免雨淋。当外界温度降至 0℃时，放入冷库预冷。

(2)预冷　将经过预贮的大葱，放在冷库架上，摊开预冷，厚度不应超过 30 厘米，库温保持 0℃～1℃。装满库时，每立方米用果蔬烟雾剂 6 克熏蒸处理 4 小时以上。

(3)贮藏　当大葱温度降至 0℃时，采用厚为 0.03 毫米(打 8 个小孔)的防结露保鲜膜包裹，使根部和叶片露出。冷库温度控制在 0℃～1℃、空气相对湿度保持 80%～85%。为了防止贮藏过程中大葱腐烂，每月用果蔬烟剂熏蒸处理 1 次。此法可将大葱贮藏至翌年 4～5 月份。

2. 贮藏管理　大葱属于耐寒性蔬菜，贮藏温度以－0.5℃～0℃为宜。温度过高，呼吸加强，抗逆性下降，加之微生物活动能力加强，易导致腐烂。同时，会导致大葱结束休眠而提早抽薹，还会加快大葱所含芳香物质挥发而丧失特有的风味品质。但贮藏温度过低，大葱受冻，虽然产品还可食用，但消耗较大。大葱贮藏的空气相对湿度以 80%～85%为宜，通风是大葱贮藏的特殊要求。这是因为空气流通能使大葱外表始终保持干燥，可有效地防止贮藏期间发生病害。贮藏期间应定期检查葱捆，发现葱捆中有发热变质的及时剔除，防止腐烂蔓延。

第六节　大葱病虫害防治技术

一、大葱主要病害及防治

(一)葱紫斑病

1. 危害症状　葱紫斑病主要发生在叶片和花梗上。发病初期病斑小，呈水渍状白色小点，后变淡褐色圆形或纺锤形稍凹陷斑，继续扩大呈褐色或暗紫色，周围常具黄色晕圈。湿度大时，病部长出同心轮纹状排列的深褐色霉状物，严重时外叶大量枯死。病斑常扩大到全叶，或绕花梗一周，使花梗和叶倒折。鳞茎发病多从颈部或伤口处开始，缢缩并变红色或黄色，直至腐败。

2. 发病规律　在冬季较寒冷的地区，紫斑病菌在病株上越冬或以菌丝体在田间病残体内越冬，翌年春季越冬病菌产生分生孢子，借气流和雨水传播，接触并侵入葱类叶片。在冬季较温暖的地区，病菌的分生孢子得以周年在田间葱类作物上持续发生。紫斑病菌由叶片的气孔、伤口侵入，也可直接穿透叶表皮而侵入。分生孢子萌发和侵入需要叶面有露水并保持足够的湿润时间，发病适温为 25℃～27℃，12℃以下不适于发病，因而在高温多雨的夏季发病重，梅雨和台风时期病害蔓延很快，阴湿多雨的地区或年份往往大流行。缺肥地块，尤其是中后期脱肥，植株生长势弱，抗病性降低，发病加重。沙性土壤和干旱地块发病早而重。

3. 防治方法

(1)农业防治　选用抗病品种。重病地应与非葱类作物实行2年以上轮作。及时清除田间病残体,收获后深耕。育苗地和栽植地均应平坦肥沃,排水方便。施足基肥,追肥以氮为主,氮、磷、钾平衡施用,防止生长后期脱肥。适时收获,晾干表皮低温贮藏。避免伤口,多通风排湿,防止病害在贮藏期继续蔓延。在无病区或无病株上留种,防止种子带菌。带菌种子可用40%甲醛300倍液浸泡3小时,洗净后播种。鳞茎可用40℃～45℃温水浸泡90分钟。

(2)药剂防治　发病初期,喷洒78%波尔·锰锌可湿性粉剂500倍液,或75%百菌清可湿性粉剂500～600倍液,或50%异菌脲可湿性粉剂1 000～1 500倍液,或80%代森锰锌可湿性粉剂800～1 000倍液,或64%噁霜·锰锌可湿性粉剂500倍液,或58%甲霜·锰锌可湿性粉剂500倍液,或3%多抗霉素水剂800～1 000倍液,每隔7天喷1次,连续防治3～4次。

(二)葱霜霉病

1. 危害症状　霜霉病有系统侵染和局部侵染,系统侵染的病株是由土壤和种植材料传带的病菌侵染所形成的,全株表现症状。局部侵染的病株只在被侵染部位出现症状。大葱被病原菌系统侵染后,病株矮化,叶片扭曲畸形。潮湿时在叶片与花茎表面形成一层疏松的茸毛状霉层,白色至淡紫色;干燥时叶片变为污白色或淡黄色,逐渐枯死,有时只有叶片尖端发病、变白枯死。局部侵染的大葱叶片和花茎上有卵圆形、圆形病斑,病斑白色或淡黄色,大小不一、边缘不明显,潮湿时表面生茸毛状霉层,干燥时变为枯斑。叶片中下部发病,则叶片上方下垂干枯。霜霉病的诊断特征为:病斑黄白色、表面生有白色至淡紫色茸毛状霉层,病叶软化易折。后期病部有时滋生腐生性真菌,出现黑霉。

2. 发病规律　以田间病残体中的病菌卵孢子和鳞茎中的潜

伏菌丝体为主要初侵染菌源。卵孢子在土壤内病残体中可存活数年，葱类种子中有菌丝体潜伏，种子表面也可黏附卵孢子，但带菌种子能否传病尚未有定论。越夏或越冬的卵孢子以及鳞茎传带的菌丝体都能侵染幼苗，形成系统侵染。秋播葱苗染病后，菌丝在秋、冬季节随生长点在体内蔓延，2～3 月份即出现系统侵染症状。病部陆续产生病原菌的孢囊梗和孢子囊，孢子囊随风雨和昆虫传播，在叶面水滴中萌芽，产生芽管，由气孔侵入，形成局部侵染。叶片和叶鞘发病部位的病菌向基部蔓延，引起鳞茎感染。孢子囊随雨水降落在土壤中也能侵染鳞茎。在适宜条件下可发生多次再侵染，形成大流行。凉爽高湿的天气有利于病害发生，气温 15℃左右、降雨较多时最有利于发病。河南省 2 月上中旬至 3 月上中旬持续阴雨或经常出现重雾大雾时，霜霉病可能大流行。地势低洼、大水漫灌、密植和生长不良的地块发病尤重。夏季温度高，发病受抑制。秋季发病程度也与雨量成正相关，灌水不当也可诱使发病加重。秋季病重田块，翌年春季发病也重。

3. 防治方法

(1)*农业措施*　选用抗病或轻病品种，假茎紫红、叶管细、蜡粉厚的大葱品种发病较轻。发病地避免连作，实行 3～4 年轮作。收获后彻底清除病残体，及时深耕。选择地势平坦、排水方便的肥沃壤土做苗床和栽植地。雨后及时排水，土壤湿度大时，浅中耕散墒。合理密植，加强肥水管理，定植时淘汰病苗，早期拔除田间系统侵染病株并携出田外烧毁。

(2)*药剂防治*　发病初期喷药防治，药剂可选用 58%甲霜·锰锌可湿性粉剂 500～700 倍液，或 64%噁霜·锰锌可湿性粉剂 500 倍液，或 25%甲霜灵可湿性粉剂 800 倍液，或 50%烯酰·锰锌可湿性粉剂 1 000 倍液，或 72.2%霜霉威水剂 800 倍液，或 72%霜脲·锰锌可湿性粉剂 600 倍液，每 5～7 天喷 1 次，连喷 2～3 次。大葱叶面有蜡粉，不易着药，为了增加药剂的黏着性，每 10 千克药液可加中性洗衣粉5～10克。

(三)葱疫病

1. 危害症状 苗期、成株期均可发病,病株叶鞘、叶身出现边缘不明显的油渍状暗绿色病斑,后逐渐扩大至5～10厘米的油渍状青白色大病斑,病斑中央白色至灰白色,病斑扩展至叶端叶片逐渐干枯下垂。湿度大时病部长出稀疏白霉,天气干燥时白霉消失。剖开长锥形叶内壁,可见白色菌丝体,以此区别大葱生理性“干尖”。有时病变局限于叶片尖端变白干枯,叶尖下垂或扭曲,有人称“白尖病”

2. 发病规律 病原为葱疫霉,属卵菌。病菌主要以厚垣孢子在土壤中越冬,翌年春条件适宜时产生孢子囊,借灌溉水或风雨传播,病斑上新产生的及地表游动的孢子借雨滴溅射传播。一般5～6月份始发,随雨季到来,病情加重,夏季连阴雨天气多易发病,暴雨过后排水不及时积水、氮肥过多或植株徒长发病重。

3. 防治方法

(1)农业防治 选用高脚白、鸡腿葱、五叶齐、毕克齐大葱、章丘梧桐等抗病耐病品种。发病地2～3年不宜种植葱蒜类蔬菜,收获后注意清除病残体,集中深埋或烧毁。采用高畦或起垄栽培,及时中耕培土,尽量避免葱秧与水接触。施用酵素菌沤制的堆肥,少追施速效氮肥,以增强植株抗病性。

(2)药剂防治 发病初期喷药防治,药剂可选用27%碱式硫酸铜悬浮剂600倍液,或20%噻菌铜悬浮剂300倍液,或60%琥铜·乙膦铝可湿性粉剂500倍液,或72%霜脲·锰锌可湿性粉剂,隔10天左右喷1次,防治1～2次。对上述杀菌剂产生抗药性时,可改用69%烯酰·锰锌可湿性粉剂1000倍液,或25%嘧菌酯悬浮剂1500倍液,或52.5%噁酮·霜脲氰可湿性粉剂2000倍液,或66.8%丙森·缬霉可湿性粉剂800～1000倍液。

(四)葱锈病

1. 危害症状　锈病多在大葱生育后期发生，通常危害不重。但若大面积连片种植感病品种，或发病较早，可导致大流行，造成严重减产。主要危害叶片、叶鞘和花茎，病部最初出现椭圆形褪绿斑点，不久后由病斑中部表皮下生出圆形稍隆起的黄褐色或红褐色疱斑，称为夏孢子堆。疱斑的表皮破裂翻起后，散出橙黄色粉末状夏孢子，夏孢子堆圆形、近圆形，密度高时，可互相融合成片，使叶片提前枯死。植株生长后期，病叶上形成长椭圆形稍隆起的黑褐色疱斑，内部生有褐色冬孢子，称为冬孢子堆。

2. 发病规律　在温暖地区，病原菌的夏孢子随气流和雨滴飞溅传播，在葱属蔬菜间辗转危害周年发生。寒冷地区主要以菌丝和夏孢子堆在越冬大蒜、留种大葱植株上越冬，冬季天暖高湿时仍能生长和侵染，但症状表现所需时间较长，发病率较低。有些地方，病原菌的夏孢子还可以在田间植物残体上越冬存活，春季气温回升后，越冬植株上产生新一代夏孢子，随风雨传播，侵染邻近植株和附近田块，在田内出现发病植株集中的区域，即“发病中心”。在整个春季能多次侵染，黄河中下游 3 月份至 4 月上旬病株率和病叶率缓慢上升，7 月中旬以后，气温和湿度适宜病情发展很快，由点片发生发展到全田普遍发生，进入危害高峰期。夏季高温，以菌丝体在病叶内越夏。秋季又陆续侵染，再度流行。植株密度大、偏施肥水、田间郁闭、地势低洼和易于积水等均有利于锈病流行。

3. 防治方法

(1)农业防治　选用抗病品种，淘汰高度感病品种，避免葱属蔬菜连作或间作套种。加强肥水管理，增强植株生长势和抗病能力。雨后及时排水，降低田间湿度。发病严重田块适时早收。

(2)药剂防治　早春查找发病中心，喷药封锁，以后视病势发展和降雨情况及时喷药防治。药剂可选用 25%三唑酮可湿性粉剂 2 000～3 000 倍液，或 50%萎锈灵乳油 800～1 000 倍液，或 65%代森锰锌可湿性粉剂 400～500 倍液，或 25%丙环唑乳油 3 000倍液，或 43%戊唑醇悬浮剂 4 000～5 000 倍液。每 7 天喷 1 次，连续防治 2～3 次。

(五)葱白腐病

1. 危害症状 整个生育期均可发病。初染病时外叶叶尖呈条状或叶尖向下逐渐变黄后扩展到叶鞘及内叶，植株生长衰弱，严重时整株变黄枯死。拔出病株可见鳞茎表皮呈水渍状病斑，茎基部变软，鳞茎变黑腐烂，田间成团枯死，形成一个个病窝，并不断扩大蔓延，最后成片枯死。

2. 发病规律 以菌丝或菌核在土壤、植株病残体或附着在种子上越冬。遇根系分泌物刺激后开始萌发，长出菌丝侵染根或茎，春季条件适宜时，营养菌丝透过雨水、农事操作等传播，进而引发病害。种植密度大，株行间郁闭，通风透光不好，发病重。氮肥施用太多，植株生长过嫩，抗性降低易发病。土壤黏重、偏酸，多年重茬，田间病残体多，肥力不足、耕作粗放、杂草丛生的田块，植株抗性降低，发病重。种子带菌、有机肥未充分腐熟带菌或肥料中混有同科作物病残体易发病。地势低洼积水、排水不良、土壤潮湿易发病。气候温暖、高湿、多雨、日照不足易发病。

3. 防治方法

(1)农业防治 ①播种、移栽前或收获后，清除田间及四周杂草，集中烧毁或沤肥；深翻地灭茬、晒土，促使病残体分解，减少病原。②育苗营养土要选用无菌土，用前晒 3 周以上。③与非同科作物轮作，最好水旱轮作。④选用抗病品种，选用无病、包衣的种子，未包衣种子须用拌种剂或浸种剂灭菌。⑤播种后用药土覆盖，移栽前喷施除虫灭菌剂。⑥适时早播种育苗，培育壮苗；移栽时汰除病苗、弱苗。⑦选用排灌方便的田块，开好排水沟，降低地下水位，达到雨停无积水；大雨过后及时清理沟系，防止湿气滞留降低田间湿度。⑧土壤病菌多或地下害虫严重的田块，在播种前撒施或沟施灭菌杀虫的药土。⑨施用酵素菌沤制的堆肥或腐熟的有机肥，有机肥不得含有本科作物病残体。⑩采用测土配方施肥，适当增施磷、钾肥，加强田间管理，增强植株抗病力。⑪及时防治害虫，减少植株伤口，从而减少病菌传播途径；发病时及时清除病叶、病株，并带出田外烧毁，病穴施药或生石灰。⑫高温干旱时科学浇水，以提高田间湿度，减轻蚜虫、灰飞虱危害与传毒；严禁连续浇水和大水漫灌，浇水时防止水滴溅起。⑬重病地块于生长季节结束时，彻底收集病残物烧毁，并深耕晒土。

（2）药剂防治　发病初期可选用50%多菌灵可湿性粉剂500倍液，或50%甲基硫菌灵可湿性粉剂600倍液，或50%异菌脲可湿性粉剂1 000～1 500倍液，或50%腐霉利可湿性粉剂1 000倍液，或25%异菌·多·锰锌可湿性粉剂600～800倍液，用无喷嘴药械将药液顺叶鞘茎基部喷淋灌入根部，每7～10天1次，连续防治2～3次，注意交替用药。

（六）葱灰霉病

1. 危害症状　染病植株叶片最初出现椭圆形或近圆形白色斑点，多发生于叶尖，以后逐渐向下发展并连成片，致使葱叶卷曲枯死。湿度大时，枯叶上产生大量灰色霉层，即分生孢子梗和分生孢子，是鉴别本病的主要特征。

2. 发生规律　病菌以菌丝体或菌核的形式随病残体在土壤中越冬，也可以分生孢子在葱鳞茎表面越冬，在气候温暖地区，多以分生孢子在病残体上越冬。翌年春天条件适宜时产生分生孢子，分生孢子借气流或雨水飞溅传播，病菌从气孔或伤口等侵入叶片，引起初侵染。病部产生的分生孢子随气流、雨水和农事操作等传播，进行再侵染。病菌喜冷凉、高湿环境，发病最适温度为15℃～21℃、空气相对湿度80%以上。冬春季节，多雨、高温高湿、昼夜温差大、晴雨相间出现、多雾、重露易发病。浙江及长江中下游地区露地栽培，大葱灰霉病盛发期为春季3～5月份。葱灰霉病的感病生育期在成株期。连作地、前茬病重、土壤存菌多、地势低洼、排水不良、种植密度过大、偏施氮肥、生长不良的田块发病重。种子带菌、育苗营养土带菌、有机肥没有充分腐熟或带菌是发病的主要因素。

3. 防治方法

(1)农业防治　①合理密植，保持葱田通风透光，防止出现高湿低温。②加强田间管理，采用配方施肥技术，增强植株抗病力。③选用抗病品种。④收获后及时清除病残体，防止病菌传播蔓延。

(2)药剂防治　①在早春或晚秋发病前喷药预防，药剂可选用77%氢氧化铜可湿性粉剂1 500倍液，或78%波尔·锰锌可湿性粉剂500倍液，或75%百菌清可湿性粉剂500～600倍液，或50%异菌脲可湿性粉剂1 000～1 500倍液，或80%代森锰锌可湿性粉剂800～1 000倍液，或50%乙烯菌核利可湿性粉剂1 000倍液。②发病初期喷药防治，药剂可选用10%苯醚甲环唑水分散颗粒剂800～1 200倍液，或2%嘧啶核苷类抗菌素水剂1 000～1 500倍液，或2%武夷菌素水剂150倍液，或50%腐霉·百菌清可湿性粉剂800～1 000倍液，或50%乙霉·多菌灵可湿性粉剂800～1 000倍液+45%代森铵水剂300～500倍液，或50%乙烯菌核利可湿性粉剂1 000～1 500倍液，或45%噻菌灵悬浮剂800～1 200倍液，或50%咪鲜胺锰盐可湿性粉剂1 000～1 500倍液，或50%嘧菌环胺水分散粒剂1 000～1 500倍液+70%代森锰锌可湿性粉剂600～800倍液，以上药剂交替使用，7～10天喷1次，采收前7～10天停止用药。

(七)葱软腐病

1. 危害症状　大葱软腐病主要危害鳞茎。一般在假茎抽长期开始发病，在1～2片外叶的下部产生半透明的灰白色斑块，叶鞘基部开始软化腐败，最终导致外叶侧折、病斑向下扩展，叶片发黄、叶尖干枯、整个植株皱缩停止生长，根毛发黄，根系变褐坏死，鳞茎部表皮有暗褐色霉层。软腐病发病后期内部开始腐烂，并散发出难闻的气味。

2. 发生规律 病原为胡萝卜软腐欧氏杆菌，病菌在鳞茎中越冬，也可在土壤中腐生。通过肥料、雨水或灌溉流水传播蔓延，经伤口侵入，蓟马、种蝇也可传病。低洼连作地或植株徒长易发病。

3. 防治方法

(1)*农业防治* ①选用良种，并进行种子消毒。②选择地势高、排水良好，近 3 年未种过葱蒜类及十字花科作物的地块，可有效预防大葱软腐病发生。③大葱重茬地与玉米等轮作 3～5 年，以恶化病菌生存环境，减少菌源基数。④增施有机肥，合理施氮肥，重施磷、钾肥，实行平衡施肥，促进大葱抗病能力。⑤及时拔除中心病株带出田外销毁，病穴用生石灰进行消毒处理。

(2)*药剂防治* 发病初期喷药防治，药剂可选用 50%琥胶肥酸铜可湿性粉剂 500 倍液，或 77%氢氧化铜可湿性粉剂 1 500 倍液，或 72%硫酸链霉素可溶性粉剂 4 000 倍液，或 14%络氨铜水剂 250 倍液，或 3%中生菌素可湿性粉剂 800 倍液，或 70%敌磺钠可溶性粉剂 200 倍液，也可用上述药剂灌根。视病情隔 7～10 天施药 1 次，共防治 2～3 次。

二、大葱主要虫害及防治

(一)葱地种蝇

1. 危害特点 葱地种蝇属双翅目花蝇科，俗称葱蝇、葱蛆、蒜蛆，是世界性害虫，我国各地均有分布。杂食性害虫，几乎所有的农作物都能危害。葱地种蝇主要以幼虫危害为主，幼虫从大葱苗期开始危害，蛀食鳞茎，引起腐烂，并导致地上部叶片枯黄甚至萎蔫死亡。严重的造成缺苗断垄以至毁种，常被迫改种。

葱地种蝇在华北地区 1 年发生 3～4 代，以蛹在土中或粪堆中越冬，并可营腐生生活。成虫多在干燥的晴天活动，夜间、阴湿或多风天气常躲在土缝等隐蔽处。5 月上旬成虫盛发，卵堆产于鳞茎和周围 1 厘米的表土中，卵期 3～5 天，孵化的幼虫很快钻入鳞茎内危害。幼虫期 17～18 天，共 3 龄，幼虫有强烈的背光性和趋腐性，喜潮湿。老熟幼虫在鳞茎或土中化蛹，蛹期 14 天左右。第一代幼虫危害期在 5 月中旬，第二代幼虫危害期在 6 月中旬，第三代幼虫危害期在 10 月中旬。

2. 防治方法

(1)农业防治　①危害严重地块实行冬灌或春灌，必要时加入适量农药杀灭幼虫。②施用酵素菌沤制的堆肥或充分腐熟有机肥或饼肥，以减少葱地种蝇发生。③抓住成虫产卵高峰及地蛆孵化盛期，诱杀成虫，方法是：将 1 份糖、1 份醋、2.5 份水，加少量敌百虫拌匀制成诱剂，先在容器中放入少许锯末，然后倒入适量诱剂并加盖，每天在成虫活动时间开盖诱杀。注意检查诱杀效果，及时补充或更换诱剂。诱器中诱蛾数量突增或雌雄比接近 1∶1 时，为成虫盛发期，应马上进行药剂防治。

(2)药剂防治　①在 5 月上中旬、6 月上中旬、7 月中下旬及 10 月中旬成虫羽化盛期喷药防治。药剂可选用 1.8%阿维菌素乳油 2 500～3 000 倍液，或 40%阿维·敌敌畏乳油 1 000～1 500 倍液，或 50%灭蝇胺乳油 4 000～5 000 倍液，或 5%氟虫脲乳油 1 000～1 500 倍液，或 2.5%鱼藤酮乳油 1 000 倍液，或 25%灭幼脲悬浮剂 1 000 倍液，施药以上午 9～10 时效果最佳。②成虫发生盛期后的 10 天内，是防治卵和幼虫适期，可喷施 90%晶体敌百虫 1 000 倍液。③苗床发生幼虫，每 667 米^2 用 3%氯唑磷颗粒剂 1～1.5 千克，均匀撒施在靠近葱根的地面或穴施于根颈旁，然后浇水。也可选用 90%敌百虫可湿性粉剂 1 000 倍液，或 40%辛硫磷乳油 1 000 倍液，或 40.7%毒死蜱乳油 1 500 倍液，或 50%蝇蛆净乳油 2 000 倍液，或 50%灭蝇胺乳油 4 000～5 000 倍液喷施。

移栽时用75%辛硫磷乳油500倍液蘸根，可防止幼虫危害定植后的葱根。

(二)葱斑潜蝇

1. 危害症状　葱斑潜蝇属双翅目潜蝇科，别名葱潜叶蝇、韭菜潜叶蝇，危害葱蒜类作物，危害严重的地块可减产50%以上。成虫为小型的蝇，幼虫为蛆形，老熟幼虫长约3毫米，呈黄褐色。幼虫终生在叶肉内曲折穿行，潜食叶肉，只留上下两层表皮，叶片上可见迂回隧道。严重时叶片枯萎，影响食用。葱斑潜蝇在河南省1年发生4～5代，以蛹在受害株附近表土中越冬，翌年4月上中旬越冬代成虫始发，4月下旬幼虫危害，5月中旬成虫进入羽化盛期。白天交尾产卵，5～6天幼虫孵化并开始危害，幼虫期10～12天，幼虫老熟后入土化蛹，蛹期12～16天，越冬蛹为7个月。成虫上午9时至下午5时取食补充营养，多在下午3～5时产卵，每次产卵约17粒。老熟幼虫下午4～6时离开叶片，7～9时为离叶高峰期。葱田连作或与百合科邻作及草荒严重的地块受害重。

2. 防治方法　①秋翻葱地，及时锄草，与非百合科作物轮作，减少虫源。②保护利用天敌。③在成虫盛发期用红糖、醋各100克、水1000毫升煮沸，加入40克敌百虫调匀，拌在40千克干草或树叶上，撒在田间诱杀成虫。④于成虫产卵盛期或幼虫孵化初期喷洒50%辛硫磷乳油1000～1500倍液，或1.8%阿维菌素乳油1000倍液，或10%烟碱乳油1000倍液，或净叶宝Ⅰ号（有效成分为烟碱）乳油1500倍液（药液中加入0.3‰～0.5‰洗衣粉），或5%氟虫脲乳油2000倍液。

(三)葱须鳞蛾

1. 危害特点　鳞翅目菜蛾科，别名韭菜蛾、葱小蛾、苏邻菜蛾。幼虫蛀食叶片，幼虫一般先从叶尖啃食，一直沿叶尖食到叶鞘，进而危害心叶，严重时心叶变黄，大龄幼虫可钻入鳞茎危害。

叶片危害后留一道钩状痕迹，叶鞘受害处可见虫粪堆积。葱须鳞蛾在我国南北方均有分布。幼虫孵化后向叶基部转移危害，将叶咬成纵沟，有时残留表皮。幼虫可向茎部蛀食，但不侵入根部，常把绿色的虫粪留在叶基分杈处，受害植株易辨认。幼虫老熟后从茎内爬至叶中部吐丝做薄茧化蛹。6 月份以前发生较轻，6 月份以后虫口逐渐增加，至盛夏（8 月份）达最高峰，此时各虫态均可见，世代重叠。11 月中旬田间的蛹大部分羽化为成虫，但因气温低而不再产卵，尚未羽化的蛹也不再羽化。

2. 防治方法 ①收获后及时清理田间残枝落叶并深埋或烧毁，秋冬季深翻土地，消灭越冬虫源，减少虫源。②产卵盛期和卵孵化期可选用 20% 吡虫啉可溶性粉剂 3 500 倍液，或 1.8% 阿维菌素乳油 2 500 倍液，或 2.5% 溴氰菊酯乳油 3 000 倍液，或 20% 氰戊菊酯乳油 3 000 倍液喷洒，药剂交替使用，每隔 5～7 天 1 次，连续防治 2 次。

（四）葱蓟马

1. 危害特点 属缨翅目蓟马科，别名韭菜蓟马，全国各地均有发生。成虫和若虫均以锉吸式口器危害大葱心叶和嫩芽，使之形成长条状黄白色斑纹。严重时，叶片生长扭曲、枯黄。近年该虫危害呈上升的态势，河南、山东等地危害大葱十分严重。

葱蓟马在华北地区 1 年发生 3～4 代，华东地区 6～10 代，华南地区 20 代以上，东北地区 3～4 代，山东地区 6～10 代，长江流域 10 代以上，以成虫、幼虫及伪蛹在枯叶或土中越冬，每代历期 20 天左右。河南、山东、江苏等地 5 月中旬至 6 月上中旬进入危害盛期；黑龙江等地 6 月中旬至 7 月中旬成虫活跃，成虫白天多在叶背危害。成虫和若虫在未收获的大葱、洋葱、大蒜叶鞘内，杂草残株间，或被危害处附近的土里越冬。春季出土危害，5～7 月份危害最重。成虫极活泼，能飞善跳，又可借风传播。成虫畏光，白天在叶腋、心叶集中危害；阴天、早晨、傍晚、夜间在寄主表面分散危害。雌虫可行孤雌繁殖。温暖和干旱的气候，适于葱蓟马发生，发生适温为23℃～28℃、空气相对湿度为40%～70%。较耐寒而不耐湿，多雨不利于发生。

2. 防治方法　①清除葱蓟马越冬场所，减少越冬虫数。大葱生长期间勤除草中耕，改变葱田生态条件，适当增加湿度，抑制葱蓟马危害。②发生初期可选用0.3%印楝素乳油800倍液，或1.8%阿维菌素乳油2 000～3 000倍液，或2%甲维盐乳油2 000倍液，或3%啶虫脒乳油2 000～3 000倍液，或5%氟虫腈悬浮剂2 500倍液，或2.5%多杀霉素悬浮剂1 000～1 500倍液，或10%吡虫啉可湿性粉剂2 000倍液，或25%噻虫嗪水分散粒剂6 000倍液，或2.5%高效氯氟氰菊酯乳油2 000倍液，或10%氯氰菊酯乳油2 000倍液交替喷雾防治。

（五）葱甜菜夜蛾

1. 危害特点　甜菜夜蛾属鳞翅目夜蛾科，又称贪夜蛾。分布广，寄主种类多，危害多种作物，具暴发危害性。危害大葱，轻者减产10%～20%，重者绝收。甜菜夜蛾在黄淮地区1年发生5代，以蛹在表土层越冬。翌年6月中旬始见越冬成虫，第一代幼虫发生在6月下旬至7月上旬，第二代幼虫发生在7月下旬至8月上旬，第三、第四、第五代分别发生在8～10月份，第五代幼虫于10月中下旬化蛹越冬。甜菜夜蛾成虫昼伏夜出，白天潜伏在土缝、葱株、草丛间等隐蔽处，夜间活动。有两个活动高峰期，即晚上7～10时和早上5～7时进行取食、交尾、产卵。成虫有较强的趋光趋化性，受惊吓时做短距离飞行。

幼虫有假死性，受惊后卷成团，坠地假死，片刻后又开始活动危害；有迁移性，当一块地的葱叶吃光后，成群迁移到周围的地块或杂草上取食；有畏惧阳光性，晴天中午潜伏在葱管或土缝中，在傍晚、清晨爬出葱管取食，阴天可全天外出取食。幼虫转株危害常从下午6时以后开始，凌晨3～5时活动虫量最多，晴天清晨随光照强弱提前或推迟潜入葱管的时间。一至二龄幼虫在叶表面取食,多群集在叶尖或叶片倒折重叠处危害,少数在直立叶片的青枯交界处取食。三龄以上幼虫钻入叶筒内危害,多从距叶尖1～4厘米处、叶片上病健交界处或叶片折叠处钻入叶筒内。1个叶筒内可有幼虫几头至10多头,取食叶肉,仅留表皮,呈半透明状,并多处出现空洞。老龄幼虫常取食半边叶筒或将整个叶筒咬食折断。在大葱上幼虫危害盛期为7月下旬至9月份,以8月中旬至9月中旬危害最重。

2. 防治方法

(1)农业防治　①摘除卵块、虫块。成虫的卵成块产于叶面或叶背,卵块呈圆形,上面覆盖有白色鳞毛,较易识别,应及时摘除;初孵幼虫群集危害,可用手捏死虫块。②清洁田园,消灭残虫。采收后及时将残株落叶集中处理,并耕翻土地,消灭残留在浅土层及落叶内的蛹和幼虫,减少虫口密度。③中耕除草,减少虫源。春季清除沟边、田间、地头杂草,恶化其取食、产卵条件,减少早期虫源。早春和秋后中耕,可消灭越冬虫蛹。

(2)物理防治　①利用趋化性诱杀成虫。用糖、酒、醋混合液(酒∶糖∶醋∶水＝1∶3∶4∶2)或甘薯、豆饼等发酵液加少量敌百虫诱杀。也可用杨(柳)树枝诱集成虫,以5～7根杨(柳)树枝扎成1把,每667米^{2}插10余把,于每天早晨露水未干时捕杀诱集成虫,10～15天换1次。②采用黑光灯诱杀成虫。目前,主要推广频振灯,每3.3～5.5公顷放1盏,诱杀成虫减少产卵量。③用22～24目银灰色防虫网全程覆盖,可阻止成虫到田间产卵,从而控制甜菜夜蛾危害。

(3)生物防治

①利用天敌　甜菜夜蛾天敌主要有寄生蜂、寄生蝇、田间小蜘蛛、食虫蝽、草蛉等,其中以缘腹绒茧蜂为优势种,对甜菜夜蛾的发生有一定的控制作用。尤其在三代、四代幼虫发生期,如果田间湿

度适宜，自然寄生率就较高，可以在不施药的情况下靠天敌控制。

②性诱剂防治　一般每 667 米^2 可设置 1 个甜菜夜蛾专用诱捕器，每个诱捕器内放置甜菜夜蛾性诱剂诱芯 1 条。诱捕器挂约 1 米高，或底部距离作物顶部 20～30 厘米。一般每个性诱剂日捕虫量为 20～30 只，虫害严重的日捕虫量可达 300～400 只。使用性诱剂时应注意：一是由于性诱剂有高度敏感性，安装不同种害虫的诱芯，需要洗手，以免污染。二是一旦打开包装袋，应尽快使用所有诱芯。三是每 30 天左右需要更换诱芯。四是适时清理诱捕器中的死虫，将死虫远离大田深埋。五是性诱剂产品易挥发，需要存放在较低温度的冰箱中保存。

(4)药剂防治　防治甜菜夜蛾要加强虫情调查，做好虫情预报，适期施药。葱田防治时以喷头向上为宜，以防药液流失和幼虫受惊假死坠地，影响防治效果。施药时间最好选在清晨或傍晚进行，必要时可在第一次喷药后 5～7 天，再喷施第二次药，并要合理轮换交替搭配用药，以减轻抗药性，提高防治效果。可选用 10 亿单位/毫升苜蓿银纹夜蛾核型多角体病毒悬浮剂（奥绿一号）800 倍液，或 300 亿单位/克甜菜夜蛾核型多角体病毒水分散粒剂 5 000倍液，或 2%广豆根总碱微乳剂 1 500 倍液，或 0.9%阿维菌素乳油800～1 000倍液，或 2.2%甲维盐微乳剂 1 500～2 000 倍液，或 2.5%多杀霉素悬浮剂 1 000 倍液＋52.25%氯氰・毒死蜱乳油 1 000 倍液，或 5%氟虫脲乳油 1 500 倍液，或 10%虫螨腈悬浮剂 1 000～1 500 倍液，或 15%茚虫威悬浮剂 3 000 倍液，或 5%氯虫苯甲酰胺悬浮剂 1 000 倍液，或 20%氯虫苯甲酰胺悬浮剂 5 000倍液，或 240 克/升氰氟虫腙悬浮剂 800～1 000 倍液交替喷雾。用 5%高效氯氰菊酯乳油 1 000 倍液＋50%辛硫磷乳油 1 000 倍液喷雾，防治效果较好。对于漏治的高龄幼虫要在早晨或傍晚进行人工捕捉。采收前 10～15 天停止施药。

第二章 洋葱四季高效栽培

第一节 概 述

一、洋葱栽培区域划分

洋葱在我国南北各地均可栽培，但由于纬度、海拔高度的差异，光照和温度对鳞茎形成的影响也不一样，不同地区适应不同类型的生态品种，由此可划分为三大栽培区域。

（一）低纬度栽培区

低纬度栽培区主要是指北纬32°以南的大部分栽培区域，包括广东、广西、海南、福建、云南、四川等地，1月份平均温度≥7℃。该区域属洋葱短日照栽培区，冬季及早春雨水少、阳光较足，适宜洋葱生长和鳞茎发育。栽培应选择短日照品种，或中日照早熟品种，一般10～11月份育苗，翌年1～3月份收获。

（二）中纬度栽培区

中纬度栽培区主要是指北纬32°以北栽培区，冬季最寒冷月份的极值（最低温度和最高温度）平均气温为－5℃～7℃，主要包括长江流域中下游、黄河流域、华北南部、东北南部、西北南部等地区。该区域属洋葱中日照品种栽培区，在黄河以北地区长日照早中熟品种也可栽培，一般在9月中下旬播种，翌年5～6月份收获。

（三）高纬度栽培区

高纬度栽培区主要是指华北北部、东北中北部、西北中北部等地区，冬季寒冷，最冷月平均温度低于－8℃。该区露地栽培洋葱，幼苗不能安全越冬，需要在保护条件下集中贮藏越冬，翌年春定植，夏季收获。近年来，在一些高海拔寒冷山区及东北北部，春季在保护地育苗，夏初定植，初秋收获。高纬度地区属洋葱长日照栽培区，栽培应选择长日照品种。

二、洋葱四季栽培的概念和意义

（一）洋葱四季栽培的概念

洋葱四季栽培是根据洋葱的生长发育特性，确定合理的栽培制度和管理措施，创造适于洋葱生长发育的环境条件，以获得优质高产、品种多样化，并能周年均衡供应市场洋葱产品的生产过程。

（二）洋葱四季栽培的意义

1. 具有药用及食疗作用　洋葱具有多种较高的生理药用价值，被推崇为多功能的降糖、降脂、降血压、抗癌的营养保健食品，享有“菜中皇后”之美称。研究证明，每 100 克新鲜洋葱中约含水分 88 克、蛋白质 1.1 克、碳水化合物 8.1 克、粗纤维 0.9 克、脂肪 0.2 克、灰分 0.5 克、胡萝卜素 0.02 毫克、维生素 B_1 0.03 毫克、维生素 B_2 0.02 毫克、维生素 C 8 毫克、维生素 E 0.14 毫克、钾 147 毫克、钠 4.4 毫克、钙 40 毫克，还含有硒、锌、铜、铁、镁等多种微量元素。洋葱中的蒜素及多种含硫化合物在较短时间内可杀死多种细菌和真菌。洋葱中的某些生物活性成分可促进机体内钠水从肾脏排出而具利尿作用。洋葱中的 K 因子（钾/钠之比值）较高（33.42），同时还含有能舒张血管的物质和甲苯磺丁脲，具有降低血压、血脂和血糖的作用。洋葱中还富含硒等抗癌物质。

2. 适应性广易栽培　洋葱在我国南北各地普遍种植，产量高，耐贮藏，供应期长，对平衡蔬菜周年供应具有重要的调节作用。洋葱可以与棉花、玉米、瓜类、辣椒、幼龄果树等间作套种，增加复种指数，提高栽培效益。近年来，洋葱已成为我国部分地区调整农业结构，增加农民收入的主要蔬菜作物。

三、洋葱生产现状与发展前景

（一）洋葱生产现状

1. 洋葱生产概况 洋葱又名玉葱、圆葱、葱头等，为百合科葱蒜属2年生蔬菜，原产于中亚和地中海沿岸，已有5 000多年栽培历史。近代传入我国，我国栽培洋葱仅有100余年。由于洋葱适应性强，又耐贮藏和运输，在我国种植历史虽然短，但发展速度很快。特别是我国加入世贸组织的近10年来，洋葱栽培品种、规模和技术水平进入了全新的快速发展阶段，尤其是沿海各地、出口港（岸）周边地区的发展，建立了很多外向型鲜洋葱出口基地、加工产品专业生产基地。据FAO统计，2004－2008年全世界每年洋葱种植面积平均为20.463万公顷、产量平均为2 140万吨。我国洋葱每年种植面积6万公顷左右，年产量约400万吨。我国种植面积和产量均居世界第一位，印度第二位，美国第三位，土耳其、巴基斯坦次之。我国洋葱主要出口日本、韩国、越南、东南亚等国。

2. 洋葱栽培技术水平现状

（1）品种利用现状　按照洋葱鳞茎皮色，可分为黄皮洋葱、红皮洋葱、白皮洋葱。其中，红皮品种栽培主供国内市场，部分出口到东南亚国家；黄皮和白皮品种主要用于加工出口。近年来常规品种种植面积逐年缩小，杂交一代品种栽培面积在逐年增加，尤其是外向型出口基地引用国外杂交一代品种越来越多，基本占主导地位。

①红皮洋葱　鳞茎圆球形或扁圆形，紫红色至粉红色。辛辣味强，丰产，耐贮性稍差，休眠期较短，萌芽较早。黄河流域、华北、华东各地普遍栽培，早熟至中熟，5月下旬至6月上旬收获，如上海红皮、南京红皮、北京紫皮洋葱等。近年来国产新品种紫星、紫玉、紫红星等和国外品种红宝903、红衣天使、宏福及日本的赤玉

类品种种植面积逐年增加。

②黄皮洋葱　鳞茎扁圆形、圆球形或椭圆形，铜黄色或淡黄色。鳞片肉质微黄而柔软，味甜而辛辣，品质佳，耐贮藏。早熟至中熟，产量比红皮品种低，但品质较好，可作脱水加工用，圆形或高圆形适合出口。主要品种有金红叶、红叶三号、富永三号、OK 黄、OP 黄、大宝、中甲高黄、连云港 84-1、牧童、太阳格林、潘多拉、红福 F1、金宏、金美、福星等。

③白皮洋葱　葱头白色、扁圆球形，有的则为高圆形或纺锤形，鳞片肉质白色，品质优良，适宜于作脱水加工的原料或罐头食品的配料。产量较低，抗病较弱，在长江流域秋播过早，容易先期抽薹。主要品种有武汉白皮、日本白皮、美国白皮、哈密白皮等。

黄皮洋葱具有良好的内外适销性、广泛的栽培适应性、较高的丰产性以及良好的耐贮运性，是我国栽培的主要品种。

(2)标准化栽培水平逐年提高　随着我国城乡居民生活水平的提高，洋葱栽培要不断适应国内外市场对洋葱无公害、绿色产品的高质量标准要求，国家推出了洋葱栽培的行业标准，全国各地相继推出了地方标准，从而有力地推进了我国洋葱标准化、无公害生产水平的不断提高。

(3)栽培模式多样化　近年来，随着农业种植结构不断调整，各地根据气候特点、栽培习惯、销售市场需要，示范推广了很多高效栽培模式。例如，黄淮流域、华北、华东地区洋葱和瓜类、棉花、辣椒、小麦间作套种，提高了单位面积农产品的产率，促进了农业栽培综合效益的稳定和进一步提高。地膜覆盖栽培比露地栽培提高产量 20%以上，已成为全国洋葱主产区的主要栽培模式。有的地区采用大、中、小拱棚栽培，提早上市，进一步提高了效益；有的地区在保护地里与瓜菜间作套种，取得的效益更高。高纬度的地区春播洋葱为提早上市，或延长生产期提高产量，已开始大面积采用温室育苗技术。

3. 洋葱生产存在的问题 ①品种和栽培布局混乱。我国蔬菜种子竞争力都不强,没有领军企业,各级科研机构、种子公司不断推出品种,加上逐年大批引进国外品种。导致雷同品种多,给农户及地方技术部门选择品种进行示范推广造成一定困难;而且生产布局难以掌控,有些品种生产基地面积过大,造成生产过剩,效益不高。②主产区标准化栽培水平不高。主产区肥料投入仍以化肥为主,有机肥投入量普遍不足,有机肥的不足造成洋葱产品皮薄且易脱皮、色浅,葱头不耐贮。栽培与病虫害防治技术措施不规范,尽管各地大都推出了技术标准,但事实上大多农户在生产中没有按技术规范去做,出口产品基地农药残留超标现象还很普遍。病害与虫害防治始终在误区徘徊,重病轻虫,导致每年都发生洋葱"夹层烂"或"烂芯"。③生产规模不稳定,栽培效益不高。我国洋葱栽培面积较大,但科技含量不高,在市场价格调节下,栽培区农民很容易跟风价格而在翌年进行扩大种植或减少种植,极易造成年际间生产规模较大波动,价格忽高忽低。例如,2007 年和 2011 年洋葱价格曾 2 次大跌,2010 年价格则较好,2011 年价格较低,栽培效益十分不稳定,影响洋葱产业的稳定发展。

(二)洋葱生产发展前景

洋葱不仅可以调剂蔬菜供应,而且是出口的主要蔬菜品种之一。近年来,日本、韩国、俄罗斯等国以及我国港、澳、台地区洋葱进口量较大。近 10 年来,我国洋葱产业取得了突飞猛进的发展,洋葱产业在促进农业经济发展和帮助农民脱贫致富中发挥了十分重要的作用。我国洋葱主要以内销和脱水加工出口为主,由于产品质量的限制,仅有 1/3 外销到东南亚、俄罗斯、日本和韩国等地。国内外洋葱市场上对黄皮洋葱的需求量占总需求量的 4/5,红皮和白皮洋葱仅占 1/5。洋葱加工产品也由单一的脱水制干片向洋葱粉、洋葱汁、洋葱酱、洋葱酒、洋葱罐头等多样化方向发展,洋葱出口空间很大。

随着人们对洋葱保健功能认识的提高，民众消费洋葱量也将逐年加大，洋葱的内需量会大步提升。应通过适度调控洋葱的生产规模和产业结构，保持供销市场的基本平衡。参照国际及相关国家标准，制定适合出口的无公害洋葱栽培技术规程，推广洋葱标准化生产，开展区域化、集约化栽培。通过加大科技投入，加速自主知识产权品种的选育，加快提升品种国产化程度，逐步降低生产成本，使我国出口洋葱的国际竞争力逐年增强，洋葱产业效益稳步提高。

四、洋葱四季栽培模式

我国洋葱栽培模式，依据播种方式可分为育苗移栽和直播 2 种。目前大部分地区洋葱栽培采取育苗移栽方式，仅在宁夏回族自治区、甘肃省和新疆维吾尔自治区的部分地区，采取直播方式栽培。依据覆盖塑料薄膜与否，可分为露地栽培和地膜覆盖栽培。近年来随着农业结构的调整和发展，地膜覆盖栽培逐步取代传统的露地栽培，已成为大部分洋葱产区的主要栽培模式。同时，各地还依据当地的气候条件、生产特点及市场需求，推广应用洋葱与瓜菜、粮棉等作物间作套种高效栽培模式。

(一)黄淮地区间作套种栽培模式

1. 洋葱—西瓜—辣椒—玉米套种早熟栽培模式　洋葱是矮秧耐寒蔬菜作物，对光照要求为中等强度，在行间预留小埂，埂上套种(栽)天地膜西瓜。西瓜是喜温耐热作物，需要较强的光照和较长的光照时间，同时西瓜生长期较短，适宜与其他作物接茬。辣椒较耐弱光，强光与高温影响其生长发育，且强光易灼伤果实。因此，在辣椒生长发育期适当遮阴能显著提高产量和品质，辣椒与玉米间作能更好地起到遮阴的作用。

为了减少作物间的共生期，选择品种是关键。洋葱宜选用早熟、抗性好、耐抽薹品种，应在 5 月底采收完毕；西瓜宜选用中早熟、抗性好、易坐果、品质优的品种；辣椒宜选用耐热、耐湿、抗逆性好、耐贮运品种；玉米宜选用高产抗倒伏品种。西瓜、辣椒提前育苗，在2月下旬采用阳畦、小型日光温室、大中棚加盖草苫多层覆盖育苗。洋葱与西瓜2米为一带，采用2米宽的地膜。洋葱栽9行，行距18～20厘米，株距以品种个头大小而定，一般14～17厘米。每带预留35～40厘米的空带，在翌年3月下旬至4月上旬栽种天地膜西瓜（河南开封采取先盖地膜西瓜，再用60～70厘米宽的薄膜扎小拱架覆盖地膜西瓜）。也可2米一带为一垄一畦，垄高20厘米、宽30厘米，畦宽170厘米，一幅地膜将垄和畦在定植洋葱时一起覆盖，翌年在垄的南半侧定植西瓜苗，采取挖窝藏苗的定植方式，将西瓜苗栽在地膜下，依垄做拱，再覆盖一幅60厘米宽的地膜。4月下旬在垄的一侧点播玉米，5月中旬左右在垄上栽1行辣椒，穴距10～15厘米。

2. 洋葱—西瓜—棉花早熟栽培模式 采取洋葱套种西瓜，再套种棉花的方式，种植幅宽为2米。11月上中旬，洋葱按株行距10厘米×20厘米种植，每栽6行洋葱预留90～100厘米的空带。翌年4月上旬在预留行内，按株距45厘米套栽1行西瓜，西瓜先用地膜搭盖成小拱棚，谷雨前后落“天膜”成地膜，然后在瓜行两侧地膜内直播2行棉花，一膜两用。棉花行距40厘米，瓜行与两侧棉花间距均为20～25厘米。该栽培模式每667米^{2}可栽洋葱2万株左右、西瓜700株左右、棉花2 000～2 200株，一般每667米^{2}产洋葱700～800千克、西瓜3 000～3 500千克、皮棉70～90千克。

3. 洋葱—长豇豆—越冬甘蓝（菜花）早熟栽培模式 此种模式，三茬蔬菜种类皆不同，为抗病高产栽培创造了有利条件。洋葱根茬及分泌物对豇豆根类病害有一定控制作用，豇豆根瘤固氮对下茬蔬菜生长可提供一定肥力。该模式一般采取1.7～2米一带，采取一垄一畦。豇豆天地膜早熟栽培，在河南开封可在3月25日前后播种，豇豆7月份拉秧净茬。越冬甘蓝（菜花）8月上旬育苗，在9月中旬定植。

4. 洋葱—胡萝卜—小麦栽培模式　此为收后接茬栽培模式。

5. 洋葱—棉花栽培模式　此栽培模式 1.33 米为一个组合，棉花大行 93 厘米、小行 40 厘米，株距 23 厘米。秋播时，在棉花大行中栽 3 行洋葱，行距 30 厘米、株距 20 厘米，洋葱距棉根 17 厘米；棉花小行中种植 1 行蔬菜或绿肥，5 月上旬前收获蔬菜或翻埋绿肥，中旬移栽棉花。

(二)国内其他间作套种栽培模式

1. 西瓜—甘薯—洋葱栽培模式　华南地区如福建省多采用此栽培模式。西瓜、甘薯同是藤蔓作物，套种有一定难度，因此品种选择很重要。西瓜宜选用早熟、高产、抗病性好、适合密植的品种，甘薯选用早熟、高产、抗病、茎蔓半直立的品种，洋葱选择当地红皮品种比较适宜。西瓜采用嫁接育苗，4 月下旬定植，把开花坐果期安排在 6 月上中旬，以提高坐果率；甘薯 5 月下旬套种，使西瓜与甘薯的茎蔓生长旺盛期互相错开；洋葱 9 月下旬育苗，12 月上旬移栽。西瓜畦做成 2 米宽，西瓜种在畦中央，每 667 米^2 栽植 250～280 株。当瓜蔓长至 60～65 厘米长时，在离畦两边各 25～30 厘米处套种甘薯，每 667 米^2 栽植 3 000～3 500 株。西瓜 8 月中下旬采收上市，甘薯 11 月下旬至 12 月上旬收获，收获后定植洋葱，洋葱每 667 米^2 栽植 1.5 万～2 万株，于翌年 4 月中下旬收获。每 667 米^2 西瓜产量 2 700 千克左右、甘薯产量 3 700 千克左右、洋葱产量 2 000 千克左右，经济效益较高。

2. 小茴香—洋葱栽培模式　此栽培模式适合我国新疆等西部冷凉地区。小茴香俗称孜然，是重要的调料作物，一般株高 40 厘米左右，植株矮小，生育期 85 天左右，适合与多种作物套种。小茴香与洋葱套种，小茴香每 667 米^2 产量 60～80 千克，洋葱产量 3 000～4 000 千克，经济效益十分可观。此栽培模式宜选择土壤肥沃、无盐碱的秋灌冬翻地。3 月中下旬播种小茴香，每 667 米^2 播种量 1.5 千克左右。开沟铺膜，沟深 25 厘米左右，沟距 1 米，小茴香播在垄上，播种两行，每 667 米^2 保苗 3 万～4 万株。6 月下旬，小茴香大部分枝叶发黄，籽粒饱满成熟时及时收获。洋葱一般在 4 月上旬播种，方法是沟边膜上点播，株距 8～10 厘米，播深 1.5 厘米左右，播后覆土 1 厘米左右，每 667 米^2 用种量 1～1.2 千克，保苗 1.6 万～1.8 万株。洋葱地上部管状叶 30%～40% 自然倒伏后为收获适期。

3. 洋葱—粘玉米—洋葱育苗 黑龙江省大庆等东北地区适合此栽培模式。这种模式要选择早中熟洋葱品种，谷雨前后移栽，采用垄作或畦作，畦宽 1.2 米，畦间距 0.3 米，定植株行距 15 厘米×20 厘米。6 月中旬，在洋葱地垄沟里或畦埂上，播种催芽的粘玉米，株距 30～35 厘米，每 667 米^2 保苗 1 500 株左右，种一沟空一沟，以便于后期洋葱收获。粘玉米尽量晚播，以减少与洋葱的共生时间，当粘玉米株高接近洋葱高度时，洋葱开始进入倒伏期，使粘玉米有足够的空间生长。7～8 月份洋葱采收后，立即整地施肥，做畦进行洋葱秋育苗，每平方米播种量为 10 克，播前浇足底水，播后覆土 1 厘米，再覆盖地膜，以利保湿。出苗后撤除地膜，此时天气炎热，气温较高，在玉米的行间阴凉处播种洋葱，对洋葱苗的生长发育很有利。9 月上中旬，开始采收青玉米穗，直到 10 月上旬结束。此期气温开始逐渐下降，光照减少，可将玉米秆割去，以利洋葱苗床通风透光。10 月下旬至 11 月初土地开始封冻，封冻前要对秋播洋葱苗采取防寒越冬措施。可灌防冻水，且灌水量要大，防冻水渗下后应在苗床上稀疏的摆放一层玉米秸秆，上面再覆盖地膜，这样可使地膜与地面保持一段距离，即便是地膜覆盖后没有马上封冻，洋葱苗在膜下仍有生长空间。土地封冻后，先将覆盖地膜的四周用土压严，再在膜上压一层柴草或作物秸秆，这样既可压住地膜不被风刮得上下起伏振动，又可在冬季落雪后，将雪固定在膜上不被风刮走，更好地起到保温作用。整个冬季还应注意防止人、畜对苗床践踏。翌年清明前后，渐次撤去防寒物，谷雨前后起苗移栽。此栽培模式在一块地里一年可以种两茬半，洋葱一般年份每 667 米^2 产量 2 500 千克左右、粘玉米可收获 1 500 穗左右，还为翌年培育了洋葱苗，对城市土地少的郊区菜农尤为适用。

第二节　适宜洋葱栽培的环境条件

一、温度对洋葱栽培的影响

（一）温度对洋葱种子发芽的影响

洋葱对温度的适应性强，种子和鳞茎在 3℃～5℃条件下可缓慢发芽，12℃以上发芽加速，最适生长温度为 13℃～22℃。洋葱种子发芽最低温度为 4℃，最高温度为 33℃，适宜温度为 15℃～25℃。不同品种，甚至同一品种不同种子，由于成熟度及种子大小等的差异，对发芽温度及其他外界条件的敏感性也可能不尽相同。在一定范围内，温度增高，发芽的速度增快，但发芽率会降低；而较低的温度，虽然发芽速度较慢，发芽率则可能会增加。收获后进入休眠的种子，贮藏的时间越长，后熟度越大，发芽的温度范围也越大。种子经过一段时间的低温处理，反而有利于发芽，这是因为低温促进了种子内酶的活动及物质的转化。变温处理有助于洋葱种子发芽。幼根生长的最低、最高和最适温度分别为 4℃、38℃和 30℃；而地上部幼芽则分别为 6℃、38℃和 30℃。生产中以不低于 20℃为适用标准。根茎和幼芽能耐－5℃左右的冻土地温。

（二）温度对洋葱幼苗的影响

洋葱幼苗期对温度适应性最强，健壮的幼苗可耐－6℃～－7℃的低温，幼苗期生长适温为 12℃～20℃，叶片生长适温为 18℃～20℃。洋葱幼苗生长的特点是绝对增长量很小，而生长速度很快。影响幼苗生长的诸因素中，温度对幼苗的生长速度有很大的关系。温度过低，生长缓慢或停滞，造成僵苗；温度过高，生长过快，造成徒长。温度首先影响幼苗的光合作用。温度高，光照强，则幼苗生长粗壮，叶色浓绿。但是若在高温而光照弱的条件下，由于弱光照降低了光合作用的强度，高温增强了呼吸作用，因而消耗了幼苗体内的营养物质，反而培育不出壮苗。因此，温室或温床育苗，当太阳光强时，温度可以调控高些；太阳光弱时（如阴天），温度应该低些。

洋葱的根较耐寒。冬季地温受气温的影响较小，地温反而比气温高。当地温稍升高以后，根的生理功能即可开始活动。利用地膜覆盖，或冬季施用有机肥料，对早熟栽培有明显的促进作用。在定植前后，如果幼苗过大而且受到低温（2℃～10℃）、干旱等不利条件的影响，可能会使部分植株发生分蘖（分球）或早期（先期）抽薹；若遇到地温高和干旱，则会加快根系的老化。

洋葱是绿色植株通过春化阶段的植物，即植株长到一定大小后，才能对低温发生感应而通过春化阶段，此后花芽才开始分化。一般品种 10℃以下低温即可发生春化作用，2℃～5℃是通过春化阶段的适宜温度。通过春化阶段所需的低温日数，不同品种间的差异很大，短的仅需 40 天，而长的可达 100 天以上。多数品种通过春化阶段所需要的条件是鳞茎直径 0.6 厘米以上，在 2℃～5℃条件下 60～70 天。当鳞茎直径超过 0.9 厘米时，洋葱幼苗感受低温能力增强，通过春化所需要的低温时间也相应缩短。一般南方型品种在 2℃～5℃条件下经历 40～60 天即可完成春化阶段，北方型品种在相同条件下则需 100～130 天。另外，营养状况不同的秧苗，对低温的反应也不一样，在同样的低温条件下，营养状况较差的秧苗更容易发生花芽分化，如幼苗在缺肥、干旱和弱光等条件下易诱导花芽分化；营养状况较好的秧苗会发生分蘖现象而不发生花芽分化。在同一品种中，大苗受低温影响后较易抽薹。洋葱通过春化阶段后，长日照和较高温度将促进花芽分化及随后的抽薹开花。促进花芽分化是通过春化作用的主要标志，同时也表现在促进营养生长的加快，尤其是初期生长出来的几片叶的生长速度的加快。

（三）温度对鳞茎发育的影响

鳞茎膨大需要较高的温度，适宜温度为20℃～26℃，15℃～24℃开始膨大，21℃～27℃生长最好。温度过高，鳞茎膨大受阻，全株生长衰退，进入休眠。但具体到不同地区的品种是有差别的，如印度和北欧地区的品种对温度要求较低，一般为15℃～20℃；西班牙系统的甜洋葱，需要20℃左右；法国的品种类型，要求在15℃～25℃。总之，早熟品种对温度的要求一般都低于中晚熟品种，这是因为在自然条件下长日照和较高的温度大都是同时出现的。北方地区在长日照和高温条件下，南方地区则在短日照和较低温度条件下，鳞茎不断肥大生长，直到充分肥大生长后，即发生倒伏和叶部变黄，生理活动也随之迟滞而将进入休眠期，这时即应进行收获。如果在鳞茎肥大生长期间，遇到不正常的低温或氮素肥料过量时，则会发生贪青生长而不发生或延迟发生倒伏现象。处于休眠期的成熟鳞茎，对温度适应范围较广，在5℃～35℃温度范围内生理功能不受伤害，但低温条件下可减少养分的消耗。

二、光照对洋葱栽培的影响

洋葱完成春化过程以后，在长日照和15℃～20℃条件下，才能抽薹开花，较长的日照也是鳞茎形成的主要条件。延长光照时间，可加速鳞茎的发育和成熟，鳞茎形成对日照时数的要求因品种而异。在13小时以下的较短日照条件下形成鳞茎的为短日照品种，在15小时以上的较长日照条件下形成鳞茎的为长日照品种，鳞茎形成对日照要求不甚严格的为中间型品种。我国北方地区多为长日照晚熟品种，南方地区多为短日照早熟品种，因此在引种时应考虑品种特性是否符合本地的日照条件。洋葱对光照强度的要求低于果菜类蔬菜，高于一般叶菜类和根菜类蔬菜，适于中等光照强度。

三、水分对洋葱栽培的影响

洋葱在发芽期、幼苗生长盛期和鳞茎膨大期需要充足的水分。土壤含水量为10%～18%，种子发芽率可达到90%的理想效果。洋葱幼苗期和越冬前要控制浇水，防止幼苗徒长，遭受冻害。收获前1～2周要控制浇水，使鳞茎组织充实，加速成熟，防止鳞茎开裂，提高产品的品质和耐贮性。土壤干旱能促进鳞茎提早形成，但产量偏低。洋葱叶身耐旱，适宜空气相对湿度为60%～70%，空气湿度过高容易发生病害。鳞茎为耐旱性器官，贮藏在干旱条件下，仍可保持水分，维持幼芽的生命活动。

四、土壤条件对洋葱栽培的影响

洋葱根系小，在土壤中分布浅，根系吸收水、肥能力弱，要求肥沃、疏松、保水力强的土壤。土壤黏重不利于洋葱发根和鳞茎生长；沙土保水力和保肥力弱，也不适合栽培洋葱。洋葱适于中性土壤，也可在轻微盐碱环境中生长，栽培土壤适宜的pH值为6～8。但幼苗期对盐碱反应较为敏感，在盐碱地育苗，易引起黄叶和死苗。采用冷床或温床育苗，由于通风透光，苗床水分蒸发量很大，因此床土要用保水力较好的壤土。若土壤湿度过低，则影响到幼苗的生长。但在育苗初期，由于气温较低，温度的影响则比较重大，生产中不能因浇水而降低温度。当温度升高时，幼苗也逐渐增大，需要增加苗床的浇水次数和浇水量，否则会影响幼苗的生长发育。

五、矿质营养对洋葱栽培的影响

洋葱生长需吸收氮、磷、钾等矿质营养。每生产1 000千克鳞茎,需吸收全氮 2～2.4 千克、磷 0.7～0.9 千克、钾 3.7～4.1 千克,吸收氮、磷、钾的比例为 1∶0.4∶1.9。幼苗期根和茎叶中含氮量较多;叶生长期根中的氮、磷、钾显著增加,茎叶部氮略有减少,磷、钾增加;鳞茎膨大期,氮、磷、钾在鳞茎部含量高,每株的吸收量也多。由于洋葱根系浅,吸收力弱,全生育期要求土壤有充足的肥料供给,以优质厩肥或堆肥作基肥,并混入钾肥或磷肥。叶生长期追肥以氮肥为主,并配合磷、钾肥,氮肥不宜过量,促使鳞茎正常进入膨大期;鳞茎直径约 3 厘米时及时追肥,促进膨大。

洋葱幼苗生长发育所需的水分和矿质营养,都是从床土中吸收的,因此培育壮苗必须用肥沃的床土。床土的肥沃是指其所含氮磷钾三要素要全面,不可偏重于氮素肥料,倘若氮肥过多,而磷、钾肥缺少,则会引起幼苗的徒长。合理施肥,培育壮苗,是增产的关键措施之一。苗期合理施用氮、磷、钾肥的,比不施肥的,单株平均重量及根系重量均增加 1 倍;而使用氮、钾肥的则比不施肥的单株平均重量和根系重量分别提高 65.35%和 80%。据有关育苗期的肥料试验,洋葱在育苗期对氮、磷、钾的需要量为每 667 米^{2} 需氮 10.301～11.2 千克、磷 8.1～10.6 千克、钾 5.9～11.47 千克。磷肥对洋葱幼苗的生长发育影响很大,但由于幼苗根系小,对磷肥吸收少。因此,苗床酌情增施磷肥,可以促进根系生长,使植株生长健壮,提高抗寒能力。

六、灾害性天气对洋葱栽培的影响

洋葱虽然适应性很强,但灾害性天气对洋葱生产威胁仍很大。现将几种灾害性气候对洋葱栽培的影响列举如下。

(一)旱灾对洋葱的影响

1. 冬旱对洋葱栽培的影响　在黄淮流域及华北中南部冬季常出现长期干旱现象,久旱未雨(雪),加之大风,形成干冷的天气,对洋葱幼苗安全越冬威胁很大。对地膜覆盖洋葱来说,地膜虽有一定保墒作用，但长期无雨雪，土壤失墒严重，由于严冬季节低温，浇水会产生冻害。长期干旱造成幼苗脱水严重，轻者叶片抽干，重者幼苗整株风干。

2. 秋旱对洋葱栽培的影响 黄淮流域、华北中南部，9～10月份洋葱育苗期，个别年份长期干旱影响洋葱出齐苗，再加上出苗后浇水管理跟不上，则造成幼芽苗失水回蔫和形成小老苗。之后再补水幼苗生长也很缓慢，到定植期叶片又小又少，对产量影响很大。特别是对于水利条件较差的地区，减产严重。

(二)秋连阴雨对洋葱栽培的影响

秋连阴雨主要是对洋葱育苗有严重威胁。洋葱出苗后任何一阶段遇上连阴雨，对常规的露地育苗都会产生毁灭性打击。长时间的连阴雨会使土壤水分饱和，苗床积水，持续1周以上极易发生沤根、烂根现象。

另外，在我国东北地区春季遇上特大暴风雪天气，对保护地洋葱育苗威胁巨大，特大暴风雪会毁坏温室、大棚棚体，冻死幼苗。在我国沿海地区，台风天气、暴雨天气对洋葱栽培会产生毁灭性危害。

七、无公害洋葱生产的环境条件

无公害洋葱生产的环境条件，参见无公害大葱生产的环境条件的相关内容。

第三节　洋葱四季栽培品种选择

一、洋葱品种选择应注意的问题

洋葱品种选择应明确产品的目标市场，即产品的市场定位，以市场为导向选择品种。一是要注意品种外观性状与当地消费习惯相一致。二是用于加工或贮藏保鲜的品种，要符合厂商对品种特性的要求。由于洋葱生长发育对于光、温湿度要求的特殊性，引种试验、栽培示范及推广前应注意以下几点。

第一，品种的生态型要与当地生态条件相近或一致，品种光周期特性与当地当季光照条件的一致性，品种对温度的适应性与当地当季温度条件相近或一致。对本地区没有种植过的品种 ，要参照该品种在纬度及生态条件一致或相近的地区示范推广及大面积栽培的情况确定取舍，并且在少量试种成功后再决定示范推广。一般在纬度相邻近的地区间引种或推广新品种大多都能适应，如果温湿度相差很大，则可能会显著影响生长发育和产量。通常是从温度较高或湿度较低的地区，引入温度低或湿度高的地区，则延迟成熟并降低鳞茎耐贮性；相反，引种则提早成熟，鳞茎缩小，降低产量。

第二，北种南引且纬度相差较多时，如发现引入地区的最长日照时数短于该品种鳞茎膨大所需的最短日照时数，则可以预测引入后鳞茎不会膨大，故不能用作生产栽培；如果引入地区的最长日照时数长于该品种在原产地鳞茎开始膨大期的日照时数，但短于原产地的最长日照时数，则可以预测引入栽培后鳞茎的膨大期将延迟，至于鳞茎的成熟期或能否正常成熟，则与日照和温湿度的差异程度有关，较难预测。这种引种如果引入后播种期与原产地播期相似，则鳞茎有可能大于原栽培地区，但先期抽薹率可能会增加。例如，长江一带的早熟品种，一般在 12～13 小时的较长日照条件下，就可以开始形成鳞茎。如果引种到东北地区，在春季播种以后不久，就会遇到足够的长日照，于是在植株还没有生长到一定大小时就形成了鳞茎。这样成熟过早，鳞茎自然很小；相反，如果把东北地区的晚熟品种引到长江流域或长江以南来栽培，则因这些品种形成鳞茎要求长的日照(一般为 14 小时以上)，而长江流域夏季最长的日照也不过 14 小时或稍多一些，对于这些晚熟品种来讲，日照仍然不够长，因而很难形成较大的鳞茎而获得较高的产量。

第三，南种北引且纬度相差较大时，大多鳞茎缩小，使产量降低。如引入地区的温度比原栽培地区低很多，则鳞茎成熟期延迟。

二、品种选择

华北北部、东北、西北等高纬度地区应选长日照型品种，长江流域、黄河流域宜选中日照型品种，黄河流域也可选择中长日照类型、长日照类型的早中熟品种，华南、西南低纬度地区应选用短日照型品种。

(一)红(紫)皮洋葱品种

1. 横冈紫光 河南省郑州市蔬菜研究所培育。植株生长势极强，抗病、抗寒、高产，株高 60 厘米左右，鳞茎圆形稍扁。一般单球重 300～450 克，最大球重 950 克以上，每 667 米^2 产量 6 000 千克左右，高产田可达 7 500 千克以上。

2. 高阳紫光 河南省郑州市蔬菜研究所培育的大果型高桩洋葱新品种。球茎表皮紫红色，鲜亮有光泽，肉质脆嫩，辣味较浓。植株生长势强壮，抗病、抗寒、高产，成株叶丛高 70 厘米左右，鳞茎高桩圆球形。单球重 350～450 克，最大球重达 600 克，每 667 米^2 产量6 000 千克左右，高产田可达 8 000 千克。

3. 紫玉 河南省农业科学院园艺研究所培育的早熟鲜食洋葱品种。株高 65～70 厘米，成株功能叶片 6～7 枚，假茎高 9～12 厘米、粗 3 厘米左右，植株长势健壮、抗倒伏。鳞茎球扁圆形，球高5～7 厘米，横径 8～12 厘米，单球重 350 克左右，最大球重 800 克以上。外皮紫红发亮，早熟性好，抗抽薹能力强。最适宜黄淮地区地膜覆盖栽培。抗病高产，每 667 米^2 产量 5 000 千克以上，品质极好，肉质白色，脆嫩适口，甜辣适中，特别适于鲜食凉拌。

另外，河南省安阳市蔬菜研究所培育的紫玉中熟洋葱品种，高产，多抗，中熟，适应性强。鳞茎扁圆形，横径 6～8 厘米，纵径 4～6 厘米，单球重 200～300 克，每 667 米^2 产量 5 000～7 000 千克。鳞茎表皮鲜亮紫红色，品质脆嫩有甜味，辣味较浓，球茎紧实，耐贮藏，收获后贮藏 3 个月，不萎缩、不发芽。

4. 紫星　河北省邯郸市农业局蔬菜研究所于 1995 年育成，1998 年通过河北省农作物品种审定委员会审定。该品种株高 65～75 厘米，有管状叶 9～11 片，叶片上冲，呈灰绿色，叶面蜡粉多。鳞茎扁圆形，横径 8～9 厘米，纵径 6～7 厘米，外表皮为深紫红色，色泽鲜亮。肉质白色、脆嫩、辛辣、有甜味，品质优良。对各种土质适应性强，较耐旱，中抗霜霉病和紫斑病，极耐贮存。单球重 250 克左右，最大球重可达 400 克以上，每 667 米^2 产量 6 000 千克左右，高产田块可达 7 000 千克以上。

5. 紫星 1 号　河北省邯郸市蔬菜研究所选育，是经紫星改良换代的品种。植株生长势强，株高 65～75 厘米，管状功能叶 9～11 片，叶片上冲、灰绿色，叶面蜡粉多。鳞茎扁圆形，横径 8～9 厘米、纵径 6 厘米，外表皮深紫红色、有鲜亮光泽，肉质白色，单球重 250 克左右，最大球重 400 克以上。品质脆嫩，有甜味，辣味较浓。抗霜霉病和紫斑病，耐贮存，适应性广，较耐旱，耐抽薹。每 667 米^2 产量 6 000 千克左右，高产田可达 7 000 千克以上，增产潜力很大。

6. 紫星 2 号　河北省邯郸市蔬菜研究所选育。植株生长势、直立性强，株高 65～75 厘米，有管状叶 9～11 片，叶片上冲、灰绿色，叶面蜡粉多。鳞茎扁圆形，横径约 9 厘米，纵径约 7 厘米，外表皮深紫红色，有鲜亮光泽，肉质白色，单球重 300 克左右，最大球重 500 克以上。品质脆嫩，有甜味，辣味较浓。抗霜霉病和紫斑病，耐贮存，对不同土质适应性广，较耐旱，耐抽薹。每 667 米^2 产量可达 7 000 千克以上。

7. 早丰紫珠 北京市农林科学院蔬菜研究中心用日本赤红皮洋葱早熟赤玉为母本、韩国中晚熟紫玉为父本杂交后经4代系统选育而成。中早熟，生育期240天左右。植株生长势强，株高65～70厘米，叶片灰绿色，叶面蜡粉多。鳞茎厚扁圆形，球形指数0.78，外皮赤红色、有光泽，微甜，商品性好。单球重350克以上，每667米^{2}产量6 104千克左右。适宜大部分中日照地区种植。

8. 杨星早丰 陕西杨凌杨星种苗开发有限公司培育的一代杂交品种。鳞茎半高柱圆形，球高约8厘米，横径9～10厘米，外皮紫红、色泽鲜艳，内肉质白嫩。单球重200～400克，最大球重800克以上，每667米^{2}产量5 000～6 000千克，最高可达8 000千克。

9. 紫红星 西安市亚丰种业有限公司培育的中熟、半高桩洋葱品种。株高约70厘米，功能叶10枚，叶色深绿，叶面有蜡粉。鳞茎呈苹果形，外皮紫红色，鳞片肥厚多汁，辣味浓，易贮运。单球重250～500克，每667米^{2}产量4 000～5 000千克。

10. 宝红一号 陕西省宝鸡市农业科学研究所于1998年育成的红皮高桩洋葱早熟品种。从定植到收获195天左右，株高40～50厘米，成长叶8～10枚，管状叶较细，叶片深绿色，叶面蜡粉中等，鳞茎紫红色、圆球形。突出特点是前期膨大快，上市早，不易分球，外表艳丽美观，商品性佳，品质好。单球重250克左右，最大球重可达1 000克，每667米^{2}产量4 500千克左右，高产田可达6 500千克。该品种抗病性较好，适应性广，成熟早，收益高，可用于早熟栽培。

11. 宝红二号 陕西省宝鸡市农业科学研究所于2 000年育成的红皮高桩洋葱中熟品种。从定植到收获210天左右，株高55～60厘米，成长叶12～14枚，管状叶较粗、深绿色，叶面蜡粉较厚，生长势强，鳞茎紫红色、圆球形，耐寒抗病。每667米^{2}产量

5 000 千克左右，高产田可达 7 000 千克以上。

12. 紫光二号洋葱　河南省扶沟县韭菜研究所经系统选育的紫皮洋葱品种。鳞茎扁圆形，外表皮深紫红色、有光泽，横径 8～9 厘米，纵径 6～7 厘米，平均单球重 250 克，最大球重 500 克以上，品质脆嫩，有甜味，辣味浓。每 667 $米^2$ 产量 6 000 千克左右，高产田可达 7 000 千克以上。

13. 红宝　由日本引进的一代杂交中熟红皮品种。生长势旺，高产优质，鳞茎高圆形，单球重 400 克左右，抗病耐贮运。

14. 东京大赤玉　由日本引进的一代杂交中熟紫皮品种。生长势旺，中熟偏早，高产优质，鳞茎扁圆形，单球重 380 克左右，抗病耐贮运。

15. 赤玉一号　由日本引进的一代杂交中熟红皮品种。生长势旺，高产优质，鳞茎高圆形，单球重 420 克左右，抗病耐贮运。

16. 早生玉秀　由日本引进的一代杂交紫皮品种。生长势旺，极早熟，高产优质，鳞茎扁圆形，单球重 350 克左右，抗病较耐贮运。

17. 紫星一号　由日本引进的一代杂交紫皮品种。中熟偏早，高产优质，鳞茎扁圆形，单球重 450 克左右，每 667 $米^2$ 产量 7 000 千克左右，抗病耐贮运。

18. 红宝　由日本引进的一代杂交中熟红皮品种。生长势旺，高产优质，鳞茎高圆形，单球重 400 克左右，抗病耐贮运。

19. 赤玉二号　北京中农天地农业发展有限公司引进日本的中短日照早熟品种。食味、色泽都非常出色。鳞茎高圆形，单球重 250～300 克，裂球、分球少。外皮紫红色，中心部也呈红色。辣味少而带甜味，水分多。可作切葱和吊葱，作吊葱用可贮藏至 9 月份。

20. 红妃　北京中农天地种苗发展有限公司引进中短日照的红皮中熟洋葱品种。鳞茎圆球形、红色，单球重 300 克左右，整齐度好，耐抽薹性好。

21. 中生赤玉葱 北京京研益农科技发展中心引进的日本中日照中早熟赤红皮洋葱品种。厚扁形鳞片从外至里均为赤红色，辛辣味少，微甜，可生食。单球重 350 克以上，鳞茎中高圆形，高抗抽薹，抗病，耐贮运，高产，商品性好。每 667 米^2 产量 6 000 千克以上。

22. 紫冠玉葱 北京京研益农科技发展中心培育的中长日照紫皮洋葱品种。在纬度 35°～45°区域可以种植。在中日照地区表现为中晚熟，在长日照地区表现为早熟。抗抽薹，鳞茎高桩圆球形，抗病性强，假茎细且倒伏期一致，鳞茎收口紧，耐贮藏。单球重 350～400 克。

23. 红叶 3 号 系引自日本的中晚熟品种。植株直立，生长势强，株高约 70 厘米，茎横径约 1.6 厘米，成株功能叶 7～8 片，叶面着蜡粉，叶片浓绿色。成熟鳞茎高球形，纵径 8～9 厘米，横径6～7 厘米，外皮浅红棕色，干后为半革质、有光泽，单球重不低于 300 克。肉质鳞片多汁、乳白色，辛辣味淡，略带甜味。抗软腐病、白腐病及叶枯病，耐低温能力强，具有较好的耐贮藏性。

(二)黄皮洋葱品种

1. 天正福星 山东省农业科学院蔬菜研究所培育的中日照早熟品种，2010 年通过山东省农作物品种审定委员会审定。该品种生长期约 240 天，生长势较强，发芽出苗较快。功能叶 8～9 片、浓绿色，鳞茎近圆球形、整齐、外皮黄色，假茎收口好。内部鳞片乳白色，肉质柔嫩，辣味淡，干物质含量约 8.75%，适于生食。单球重 300 克左右，耐分球，耐抽薹，耐贮存。

2. 金红叶 1 号 中农威尔科技(北京)有限公司引进日本优质育种材料利用雄性不育技术培育的杂交一代中熟黄皮洋葱品种。该品种植株生长势强，成株叶丛高 65～75 厘米，叶色深绿，功能叶 9～10 片。鳞茎圆球形，外皮坚韧、红铜色，球茎横径 8～

12 厘米、纵径 7～10 厘米，单球重 400～450 克。辣度、甜度适中，肉质紧实、乳白色，不分球，不易抽薹。高抗霜霉病、灰霉病，抗紫斑病，抗逆性强，适应性广。适合在北纬 30°～40°地区种植，秋播从定植到成熟 180 天左右。每 667 米^2 产量 7 500 千克左右。

3. 改良金球 2 号 F1(泉州黄 2 号类型)　北京市农林科学院蔬菜中心培育的中日照中晚熟品种。鳞茎高桩球形，外皮棕黄色，抗抽薹与抗病性强，极耐寒，贮藏性好，单球重 300～350 克，产量高，适合鲜食与加工。

4. 早生秀玉　极早熟，生长势旺盛，抗病性强，河南、安徽、江苏等地正常年份 4 月中下旬成熟，上市早，效益高。单球重 350 克左右，抗抽薹，耐贮运，适应性广。

5. 早春黄三号　中日照极早熟品种，生长势旺盛，抗病性强，河南等地正常年份 4 月中下旬成熟，上市早，效益高。单球重 350 克左右，抗抽薹，耐贮运，适应性广。

6. 川田早生　引进的日本极早熟品种。生长势旺盛，抗病性强，抗抽薹，耐贮运，适应性广。单球重 350 克左右。

7. 锦毬玉葱　极早熟，生长势旺盛，抗病性强，河南等地正常年份 4 月中下旬成熟，上市早，效益高。单球重 350 克左右，抗抽薹，耐贮运，适应性广。

8. 中甲高黄　引进的日本中晚熟品种。生长整齐，成熟期一致，不易抽薹。鳞茎圆球形，外皮淡白黄色，内部鳞片乳白色，球径 8～9 厘米，单球重 350 克以上，味甜而微辣，品质优。耐寒性强，适应性广，高抗紫斑病、疫病，较抗霜霉病。

9. 美国改良 502　株高约 60 厘米，叶细管状、绿色。鳞茎高桩圆球形，外皮棕黄色，高 7～9 厘米，横径 7～9 厘米，单球重 300～400 克。肉白色，质细嫩，味甜辣，品质佳。抗抽薹与抗病性强，较耐寒，贮藏性能好，适合鲜食与加工。

10. 金球三号洋葱　适合我国中北部区域种植的长日照品种。植株长势旺盛，株高 60～70 厘米，成株有功能叶 8～10 片，叶面着生蜡粉，叶色浓绿。成熟鳞茎高桩球形，外皮棕黄色，纵经 7～8 厘米，横径 6～7 厘米，单球重 200～250 克。鳞茎辣味较浓，干物质含量高，水分含量相对较少，适宜于煮食与加工。抗病性强，耐寒，贮藏期长达半年左右。定植到收获期需 100～120 天，中熟。每 667 米^2 产量 4 500 千克以上。

11. 改良金球 3 号　长日照类型中熟品种。鳞茎高桩球形、中等大小、棕黄色，味辣，极耐贮藏。外皮不易脱落，抗病性强，产量高，单球重 300～350 克。长日照地区 3～4 月份保护地育苗，8～9 月份收获。

（三）白皮洋葱品种

1. 银球 1 号洋葱　山东省泰安市泰丰农经作物研究所与山东农业大学培育的常规品种，由白地球变异株系选育，2010 年通过山东省农作物品种审定委员会审定。该品种属中长日照中晚熟品种，植株生长势强，株高 75～80 厘米，叶长 55～60 厘米，叶色浓绿，具蜡粉。鳞茎白色、近圆球形，纵径 7～9 厘米，横径 6～8 厘米，单球重 150 克左右，干物质含量 21%，辛辣味浓，适于脱水加工。

2. 白岩洋葱　引进的美国中长日照型品种。鳞茎中熟、圆球形，球茎直径 8 厘米左右，表皮及肉质雪白色，干物质含量 22%以上，球形统一，不易裂皮。植株表现良好，生长期对粉红根病有很好的抗性，耐贮性极好。

3. 卡琳娜洋葱　引自意大利的中日照杂交一代中熟洋葱品种。植株生长势健壮，抗病性强。表皮白色带有光泽，鳞茎圆球形，单球重 350 克左右，适合长期贮存。

4. 30100 洋葱　引自意大利的中日照杂交一代中熟洋葱品种。植株生长势健壮，抗病性强。表皮亮白色，鳞茎圆球形，整齐度高，单球重 350 克左右，耐贮运。

5. 系选美白洋葱　天津市农业科学院蔬菜研究所从美国引进的白皮洋葱，经过 5 代系统选择性状已经稳定的新品系。株高 60 厘米左右，成株功能叶 9～10 枚，叶色绿，蜡粉少，叶鞘浅绿色。鳞茎圆球形，横径 10 厘米左右，外皮白色、膜质，肉质鳞片纯白色、紧实，单球重 250 克以上。鳞茎质地脆嫩，甜辣适口，适于生食和加工干制。抗寒性、耐贮性、不易抽薹性和对盐、碱土壤的适应性比原种有所提高。每 667 $米^2$ 产量 4 000 千克左右。

第四节　洋葱四季栽培技术

一、主要茬口安排

洋葱育苗定植方式应用范围最广。在无霜期 200 天以上、冬季最低温度为－20℃左右的华北中南部、中原、华东和华中等地区，多采取秋季露地育苗，冬前定植，露地越冬，或在苗床越冬后于翌年早春进行定植。气候偏冷的地区，也可将幼苗贮藏越冬。在无霜期 200 天以下、冬季最低温度为－20℃以下的东北和华北地区，多采取保护地育苗，翌年春季天气转暖后定植，或在夏末秋初进行露地育苗，通过贮藏，于翌年早春定植。在冬季温暖、全年基本无霜的华南、云南南部和广西等地，则于晚秋育苗，定植后在冬季能继续生长，于翌年春季收获。我国洋葱主产区栽培茬口安排如表 2-1 所示。

表 2-1　我国洋葱主产区栽培茬口安排

主产区	播种期	定植期	收获期	附　注
北　京	9月上旬	翌年3月中上旬	6月下旬	露地育苗
哈尔滨	3月中旬 8～10月份	4月上旬 翌年4月下旬	9月上旬 9月下旬	温床育苗 幼苗沟藏越冬
长　春	8月10～20日	翌年4月上旬	7月中旬	露地育苗 贮藏越冬
沈　阳	2月中旬 8月20～25日	4月上旬 翌年3月下旬 至4月上旬	7月中下旬 7月中旬	保护地育苗 苗床覆盖或 贮藏越冬
西　安	9月中旬	11月上中旬	翌年6月中旬	—
兰　州	9月上旬	翌年3月下旬 至4月上旬	7月下旬	—
西　宁	2月中下旬	4月中下旬	9月上旬	—
拉　萨	7月中下旬 10月中旬	翌年4月上旬 翌年4月上旬	10月上中旬 10月上中旬	苗床覆盖越 冬 阳畦育苗
呼和浩特	3月下旬	5月中下旬	8月上旬	温室育苗
天　津	8月下旬	10月下旬至 11月上旬	翌年6月下旬	—
石家庄	9月上旬	10月下旬或 翌年3月中旬	翌年6月下旬 至7月上旬	亦可苗床越冬 翌年春栽
太　原	9月上旬	翌年3月上中旬	7月下旬	苗床覆盖越冬
郑　州	9月中旬	11月上旬至 翌年2月下旬	翌年5月下旬 至6月上旬	—
济　南	9月上旬	11月上旬	翌年6月中下旬	—

二、育　苗

(一)露地育苗

1. 播种技术

(1)播种量和播种期

①播种量　目前,洋葱种子的质量尚不够稳定,为了确保发芽,在播种前应先做发芽试验。一般采用纸培法试验,先在瓷质平底盘或碟底部平铺几层吸水力较强的滤纸、餐巾纸或草纸,使其充分吸水后,将供试的洋葱种子摆放在上面,再用吸湿的纸张覆盖种子,然后把盘或碟放进一个塑料袋中,充气后将袋口扎紧保湿。在20℃～25℃条件下放置4～7天即可计算发芽率。在发芽率75%情况下,每667米^{2}大田需播种子0.25千克,考虑到要淘汰和间疏20%的弱苗和劣苗,如果发芽试验的发芽率低于70%,则应酌情增加播种量。

②播种期　我国大部分地区采用秋季播种育苗,露地定植越冬。适期播种是高产的关键,播种过早,会因早期抽薹而减产;播种过晚,虽然不会发生早期抽薹,但越冬能力降低,也会影响产量。一般10厘米地温为10℃～12℃时为适宜播种期,河南等地适宜播种期为9月中下旬,早熟品种9月下旬播种,中晚熟品种9月中旬播种。

(2)整地做畦　洋葱种子较小,发芽时子叶生长缓慢,且出土比较困难。因此,苗床应选择土壤肥沃、地势较高、保水性强、在2～3年未种植过葱韭类蔬菜的地块。排水不便、低洼易涝会使洋葱幼嫩的根系腐烂而生长不良。北方地区多做平畦,南方地区因雨量大,多做高畦。播种前10～15天,进行翻耕细耙或旋耕,结合整地每平方米普施充分腐熟、捣碎并过筛后的农家肥3千克、三元复合肥80克,使肥料与土壤充分混合,做育苗畦并用平耙将畦面整平,以备播种。

(3)种子处理　一般多进行直接播种,为了促进发芽和提早出苗,可以浸种后播种。应采用冷水中浸种,时间不宜超过12小时,浸种完成后先将上浮的秕子捞出,再将下沉的种子捞出摊晾,当种子不相粘连时即可播种。如播期偏晚,还需进行催芽。方法是将浸种后的种子用湿布包好放置在凉爽的地方(20℃～25℃)进行催芽,每天都用清水淘洗1次,当种子刚刚"露白"时及时播种。否则,胚根太长不便播种。

(4)播种　播种一般采用撒播方式,也有的地方采用条播方式。撒播方法有2种:一是在播种前1天苗床先轻浇1次水,约2天表土已不过黏时,将畦面浅耕松土后进行撒种,然后用平耙搂平畦面将种子盖住,种子未出苗前不浇水。二是采取起土坐底水撒播,该法对沙土乃至黏土都很适宜,具体操作是:先用平锨把表土起出3厘米左右,放在畦外留作覆盖用土,然后将基肥在畦面撒匀并进行翻耕,使粪土混合均匀,再用平耙将畦面整平,随即平踩畦面将松土踏实。播种畦整好后浇灌底水(约6厘米深),水渗下后在畦面撒底土即可撒播,播种后覆土。采取这种方法虽比较费工,但表土疏松,深层水分充足,出苗快而整齐。

为了保证撒播质量,生产中应在整地后2～3小时、土表稍微干燥发白时播种,这样容易看清种子落土情况。也可在多云没有太阳的天气播种,以免因反光而不易看出稀密状况。还可先将种子撒播2/3,剩下的1/3根据播种均匀情况进行调节。播种后为了保墒,可用其他作物秸秆或遮阳网摆在畦面进行遮阴,或在苗床上面搭棚遮阴。当幼苗即将出土时,可在下午及时将覆盖物分次撤去。

条播和撒播2种方法,只要播种量适当,对幼苗质量没有明显的影响(表2-2)。

表 2-2 洋葱撒播和条播质量比较

播种方式	叶长（厘米）	叶数（枚）	叶鞘直径（毫米）	根长（厘米）	根数（条）	根重（克）	单株平均重（克）
条播	25.7	3.15	4.35	9.95	14.3	0.26	2.04
撒播	23.85	3.15	3.65	10.0	13.6	0.24	1.77

2. 苗期管理

(1)播种后苗床管理　当洋葱种子开始出土时，使用苇帘或遮阳网在苗床遮阴的，应在下午撤除覆盖物；如果是用芦苇、秸秆等遮阴的，可以由密变疏，分 2～3 次撤除覆盖物。苗期浇水应根据土壤墒情和不同播种方式而定，采取起土坐底水后播种的，因底墒充足，一般在齐苗以前不浇水。采取其他播种方式的，则应在子叶未伸直之前（菜农称“萌鼻”）浇 1 次水，在“直钩”（或伸腰）期再次浇水。此后，直到生长出第一片真叶时要适当控制浇水。生长出第二片真叶以后，可结合浇水每 667 米^2 追施硫酸铵 24～36 千克，或尿素 12～18 千克，或充分腐熟的人粪尿（粪稀）500 千克。也可在浇水前将腐熟的堆肥与 1/2 量的田土混合后以覆土的方式追施，培粪土厚度为 0.5 厘米左右，注意不能过厚，如埋过叶基的分歧处（五杈股），则可能使叶部灼伤。

在育苗过程中不要急于间苗，应在幼苗 2 片真叶后、追肥之前进行除草和间苗，每平方米留苗 650～750 株。如果幼苗徒长或发生霜霉病，可将叶片刈去 1/3 进行控制。但这只是在特定情况下的应急措施，一般不用，因刈叶对产量有不良影响。

(2)越冬幼苗管理

①苗床越冬　苗床越冬就是在原来播种的育苗畦内越冬。采用这种方法应在土地封冻前（立冬后）于育苗畦的北侧加设风障，并浇灌 1 次封冻水，使畦面布满水层，水层深度应不低于 2 厘米。浇水后的第二天在育苗畦内先覆盖约 1 厘米厚的细土，以防畦面

发生龟裂。此后，随着天气的变冷，在上面分次覆盖碎稻草或豆类作物的碎枝叶等，覆盖厚度为 10～15 厘米。翌年春天气转暖后，将覆盖物撤出，幼苗重新萌发，以备定植。有条件的可用地膜覆盖育苗畦，在越冬期间将畦四周的薄膜压严不能透风，如果发现薄膜破损，应及时修补或将破损处另加覆盖。

②假植越冬　假植越冬菜农称为“囤苗”。假植的场所主要是在风障背后或在其他背阴地，切忌在地势低洼、潮湿的地方假植，以免沤根。假植的方法是在风障后面东西向开沟，沟深约 10 厘米，将起出的秧苗以向南侧倾斜 45°（或直立）在沟内密集摆放，壅土时以不超过叶鞘顶部（五杈股）为准。假植沟之间应保持 5 厘米以上的距离，假植的宽度一般不超过 1.5 米。假植后用土将四周堵严、踩实，不能透风，以免冻根。假植以后幼苗心叶还会缓慢生长，不宜立即盖土防寒，直到旬平均温度接近 0℃（即土壤将封冻）时，再在秧苗上面覆土防寒。此后，根据当地气候，可分次覆土。

③窖藏越冬　在土地封冻前将秧苗起出，捆成直径 10～15 厘米的小捆，放进白菜窖或其他地窖中贮藏。数量少时，可在窖内直立码放；数量较多时，可将根部紧靠稍潮湿的窖壁平躺码放，码放高度以 1～1.3 米为宜，码好后周围用大白菜外叶等物进行覆盖，以防干燥。入窖初期要进行倒垛，以防受热，在整个贮藏期间需要倒垛 2～3 次，倒垛时如发现腐烂要及时清除。该方法简单易行又便于检查，在气候比较寒冷的地区，采用此法比在露地越冬更为安全。

④沟藏越冬　在风障背后，于立冬前后挖东西向、深约 20 厘米、宽约 30 厘米的贮藏沟。在土壤封冻前，将秧苗起出捆成直径为 10～15 厘米的小捆，将根部与沟底接触，一捆捆密集码放在贮藏沟中。外界温度降至－3℃～－5℃时，向秧苗上面覆土，以后根据天气变化分次覆土，覆土厚度 15～20 厘米，也可覆盖作物秸秆防寒，使沟内温度稳定在 0℃～1℃即可。另据内蒙古自治区赤峰市的经验，熊岳圆葱品种的幼苗，采取沟藏方法，在－6℃～－7℃

低温条件下也可安全越冬。

(二)保护地育苗

高寒地区可利用日光温室、温床或阳畦等保护设施，在冬季或早春进行育苗，一般苗龄为50～60天。整地做苗床、播种量、种子处理等方法与露地育苗基本相同，现将技术要点介绍如下。

1. 播种 日光温室和阳畦，应采取起土坐底水的方法播种。如坐底水后土壤温度降至10℃以下，需密闭棚室增温，待地温回升至10℃以上进行播种。温床育苗，酿热物以上的土层厚度不宜少于15厘米。为适应温床的特点，播种前可以适量浇水造墒，但忌大水漫灌。播种前种子应进行催芽，播种后覆土厚度约0.5厘米。为使发芽整齐和提高地温，在拱土和萌鼻时再次覆土，总覆土厚度为1～1.5厘米。

2. 温度管理 在幼苗出土前，保护地内温度白天保持在20℃～26℃，不宜低于20℃；夜间温度不低于13℃。幼苗出齐后，应适当降温，防止徒长，白天温度不宜高于20℃，可掌握在14℃～16℃，夜间保持在10℃左右，尽量不使最低气温降至8℃以下。

3. 通风换气 在幼苗长至3～4厘米高时，应随着幼苗的生长，逐步增加通风量。在定植前7～10天，加强通风炼苗，以备定植。

4. 肥水管理 在秧苗拱土时如底墒不足，可先补水而后再覆土。出苗后，要使土壤经常保持湿润，定植前应停止浇水进行炼苗。当幼苗10～15厘米高时，结合浇水每667米^{2}追施尿素10～15千克或三元复合肥20～25千克，也可在每10升水中加入硝酸铵20克、硫酸二氢钾20克，溶解后浇灌。

5. 光照时间 保护地育苗，可以通过揭盖草苫的时间调节光照。据研究，在日照日数为8小时条件下培育的壮苗，比不控制日照时数培育的苗，可增产8%～10%。

6. 幼苗管理 采取撒播方式应力求播种均匀。在幼苗生长出第一片真叶后，结合除草进行间苗，主要是间拔过密苗和生长较弱的劣苗，使每株幼苗能保持16～22厘米^{2}的营养面积。在幼苗2叶期以后，根据生长情况每667米^{2}追施尿素10～15千克或磷酸二铵5～7.5千克。幼苗4～6片真叶、小鳞茎直径1.5～3厘米，即生长期达到60～70天时，为收获适期，收获的小鳞茎(仔球)必须充分干燥后才能贮藏。在贮藏期间，夏秋季注意通风，冬季注意防寒，以免伤热和受冻。翌年早春土壤解冻后尽早定植，早栽可促进根系发育。

三、定　植

(一)定植前的准备

1. 整地施基肥　洋葱根系吸收肥水能力较弱，故需选择有机质丰富的沙壤土种植。洋葱忌连作，最好选择施肥较多的茄果类、瓜类、豆类蔬菜作前茬。洋葱是浅根作物，根系主要集中在20～30厘米深的土层中，如果土壤结构良好，也可深达60厘米，因此整地时翻耕深度不宜少于20厘米。整地时，第一次耕翻破土一定要达到应有的深度，然后即可撒肥。为了使肥料和土壤充分混合和改善土壤结构，需要再进行1～2次浅耕。北方地区多采用平畦种植，根据不同地区的习惯，窄畦宽为0.9～1米，宽畦宽为1.3～1.7米，畦长8～9米。河南开封等地多采用2米幅地膜覆盖，畦宽2米。畦面应进行精细整理，北方地区的平畦，要求做到“四平畦”，使浇水深浅一致，尤其是盐碱地，如畦面高低不平，高处易发生盐碱危害。南方地区的高畦，要使中部比两侧稍高，以利排水。

为了适应洋葱弦状根的特点，有机肥必须充分腐熟而且要过筛，粪熟、粪细、浅施、匀撒是洋葱施用基肥的关键技术。基肥主要是堆肥、厩肥，南方地区还常施用塘泥、草木灰等，一般每667米^{2}施用腐熟有机肥3000千克、过磷酸钙40～50千克。如果不是流失性很强的沙土地，钾肥也可作为基肥，一般每 667 米^2 施硫酸钾 10～15 千克。为了合理施用基肥，现将主要农家肥的养分含量列于表 2-3，以供参考。

表 2-3　主要农家肥的养分含量

肥料名称	氮(N)(%)	磷(五氧化二磷)(%)	钾(氧化钾)(%)	有机质(%)
人粪尿(鲜)	0.5～0.8	0.2～0.4	0.2～0.3	5～10
猪　粪(鲜)	0.5～0.6	0.4～0.6	0.44～0.5	15
马　粪(鲜)	0.4～0.58	0.3～0.35	0.24～0.4	21
牛　粪(鲜)	0.3～0.59	0.17～0.28	0.1～0.16	14.5
羊　粪(鲜)	0.62～0.7	0.3～0.47	0.2～0.3	28
鸡　粪(鲜)	1.63	1.54	0.85	25.5
鸭　粪(鲜)	1.0～1.1	1.4	0.62	26.2
蚕　粪(鲜)	2.2～3.5	0.5～0.7	2.4～3.4	77～88
猪厩肥	0.45	0.19	0.60	25.0
马厩肥	0.58	0.28	0.53	25.4
一般堆肥	0.4～0.5	0.18～0.26	0.45～0.70	25.4
垃　圾	0.2～0.8	0.15～0.42	0.37～0.48	—
炉灰渣	—	0.2～0.6	0.2～0.7	—
河塘湖泥	0.25～0.44	0.14～0.59	0.34～1.83	—
草木灰	—	0.7～3.5	4.46～7.5	—

2. 幼苗分级和处理

(1)起苗分级　在起苗前，根据苗床墒情可轻浇 1 次水，当床土干湿适度时，用铲起苗并抖掉宿土。注意不要直接拔苗，以免拔苗伤根重降低成活率。将起出的幼苗按大小分级，适度大小幼苗的标准是：3～5 片真叶、株高约 30 厘米、叶鞘直径 6～7 毫米、单株重 4～

6克。将幼苗分成大苗、标准苗和小苗，分别栽植，以便管理。将病虫伤害苗、黄化萎缩苗和根部腐朽苗等劣质苗淘汰。若混有葱类种苗(葱苗的叶梢部分直立生长，叶片基部的横断面为圆形；洋葱幼苗的叶梢部分稍带弯曲，叶片基部横断面为凹形)，必须严格剔除，以免影响生产。对叶鞘直径将近1厘米的大苗，定植前可将叶部剪掉1/3，这对减少抽薹有一定作用，但剪叶不能过量。根据试验，如从叶中部剪掉1/2，比不剪叶的约减产7%；如从叶基部剪掉，则严重减产。小苗则应适当增加栽植密度，以增加单位面积产量。

(2)秧苗处理

①浸根　据试验，用40%乙烯利300毫克/千克溶液、赤霉素250毫克/千克溶液、30%过氧化氢100毫克/千克溶液和复硝酚钠500毫克/千克溶液，在定植前浸根半小时，对促进生长和增产效果明显(表2-4和表2-5)。

表2-4　植物生长调节剂对植株生长的作用

项目		对照	乙烯利 300毫克/千克	复硝酚钠 500毫克/千克	赤霉素 250毫克/千克	过氧化氢 100毫克/千克
株高	厘米	33.5	50.8	48.6	47.0	38.0
	比对照(%)	—	+51.6	+45.1	+40.3	+13.4
叶鞘粗	厘米	3.42	4.2	4.1	3.86	3.62
	比对照(%)	—	+22.8	+19.9	+12.9	+5.8
叶数	片	6.0	8.5	8.0	7.8	7.3
	比对照(%)	—	+41.7	+33.3	+30.0	+21.7

表 2-5 植物生长调节剂对增产的作用

项目		对照	乙烯利 300 毫克/千克	复硝酚钠 500 毫克/千克	赤霉素 250 毫克/千克	过氧化氢 100 毫克/千克
鳞茎平均重	克	78	126	137	123	126
	比对照(%)	—	+61.5	+75.6	+57.7	+61.5
每667米^{2}产量	千克	1508.4	2223.4	2216.8	2177.2	1952.2
	比对照(%)	—	+47.4	+47.0	+44.3	+29.4

②叶面喷施磷肥 定植前叶面喷施磷肥,可促进根系发育。这是因为洋葱从土壤中吸收和运转磷的过程十分缓慢,从根尖吸收后运转到叶部尖端需要3～4天,而叶面喷磷在1～2小时后即可吸收运转。据试验,在定植前10～15天叶面喷洒0.2%～0.4%磷酸二氢钾或磷酸一钠,可以提高定植后的发根能力(表2-6)。

表 2-6 定植前后叶面喷磷发根效果对比

试验处理		新根条数		新根总长		调查日期
		条	比较(%)	长度(厘米)	比较(%)	
大苗	对照(不喷磷)	6.7	100	6.8	100	定植20日后
	定植5日前喷磷	8.9	132.8	13.4	197.1	
	定植10日前喷磷	10.1	150.7	20.3	298.5	
	定植15日前喷磷	11.1	165.7	28.4	417.6	
小苗	对照(不喷磷)	6.7	100	7.2	100	
	定植5日前喷磷	8.5	126.9	8.8	122.2	
	定植10日前喷磷	7.3	109.0	10.0	138.9	
	定植15日前喷磷	10.4	155.2	20.0	277.8	

续表 2-6

试验处理		新根条数		新根总长		调查日期
		条	比较(%)	长度(厘米)	比较(%)	
大苗	对照(不喷磷)	10.8	100	22.9	100	定植30日后
大苗	定植5日前喷磷	14.6	135.2	48.7	212.7	定植30日后
大苗	定植10日前喷磷	11.7	108.3	33.0	144.1	定植30日后
大苗	定植15日前喷磷	12.2	113.0	48.1	210.0	定植30日后
小苗	对照(不喷磷)	9.2	100	17.8	100	定植30日后
小苗	定植5日前喷磷	8.8	95.6	17.5	98.3	定植30日后
小苗	定植10日前喷磷	9.8	106.5	24.3	136.3	定植30日后
小苗	定植15日前喷磷	11.5	125.0	38.8	218.0	定植30日后
大苗	对照	3.4	100	2.8	100	定植20日后
大苗	定植后喷鳞	4.4	129.4	4.9	175.0	定植20日后
小苗	对照	2.9	100	2.8	100	定植20日后
小苗	定植后喷鳞	3.3	113.8	4.9	185.0	定植20日后
大苗	对照	8.5	100	13.5	100	定植30日后
大苗	定植后喷鳞	8.0	94.1	13.6	100.7	定植30日后
小苗	对照	6.4	100	8.1	100	定植30日后
小苗	定植后喷鳞	6.1	95.3	6.4	79.0	定植30日后

从表2-6可以看出：叶面喷磷的时期，定植前比定植后好，以定植前15天叶面喷磷的效果最好，无论在新根发生数目和长度方面都有显著的增加。另外，大苗喷磷的效果比小苗好，这可能是因为叶部附着量有差别的缘故。

(二)定　植

1. 定植时间　华北中部和南部、中原、华东等地区，以秋末冬初定植为宜。河南中东部定植适期为11月中下旬。此期地温尚可以促使冬前缓苗，可提高越冬抗寒性。

2. 定植密度　洋葱植株直立，叶部遮阴少，适于密植。适当增加株数，做到合理密植，是增产的有效措施，定植密度一般以每 667 米^2 栽植 30 000～35 000 株为宜。但是，土壤的肥力是密植增产的重要保证，密植必须与肥水管理相配合。一般个头大的鳞茎品种在高肥水地，其密度应适当低些；在中低肥水地，其密度应适当大些。大个头鳞茎品种以每 667 米^2 栽植 2 万～3 万株为宜。

3. 定植方法　洋葱幼苗从苗床起出时已损伤一部分根系，所以定植前要使幼苗在湿润的条件下保存，栽苗时应注意不要使根系再受到更大的损伤。栽苗的深度，晚秋初冬定植为了保墒、抗冻宜稍深些，但须使叶鞘顶部露出地面。定植过深，不仅不利于发根缓苗，而且对将来鳞茎的膨大生长也有影响；定植过浅，植株易倒伏，鳞茎易变绿而影响品质。定植深度对鳞茎形状和产量的影响如表 2-7 所示。

表 2-7　不同定植深度对鳞茎形状和产量的影响

定植深度（厘米）	鳞茎形状			每 667 米^2 折产	
	横径（厘米）	纵径（厘米）	纵/横	千克	%
浅栽(1.5)	9.3	5.8	0.62	3408	94.1
标准(3.0)	11.0	6.9	0.63	3620	100
深栽(4.5)	9.7	6.4	0.66	3267	90.2

不覆盖地膜的采取按行距开沟、按株距摆苗的方法进行栽苗。开沟要深浅一致，最好是东西向延长，这样把苗摆在沟的北侧（栽阳沟），封沟土向沟里倾斜，以利于提高地温促进发根。栽植完毕立即浇定植水。

平畦覆盖地膜的，在整地、施基肥和平整畦面后，施除草剂，然后浇水，当畦内水还没有完全渗下时进行覆膜。这样，地膜被水层托住，既平展又不会被泥土沾污。地膜铺平后用铁锨顺畦埂四周将地膜边缘压进土中，深 6 厘米左右。定植前将幼苗须根剪短至 1.5～2 厘米，以利插苗定植。定植时按预定的株行距用竹签等物穿膜打孔（深 3 厘米左右），按孔插苗即可。

高畦覆盖地膜的，将地膜边缘埋压在畦沟中，待定植（插苗）完毕，在高畦基部按 50～60 厘米的距离将地膜扎破，使畦沟内浇水后可以顺利地向高畦渗透。

四、定植后的管理

（一）防止生产田缺苗

洋葱定植后的缺苗率或缺苗程度，直接影响产量的高低。

1. 造成缺苗的原因 ①栽植过深或过浅。②整地不细，畦面不平整，土块较大较多，葱苗栽植后根系与土壤不能很好密接，造成悬空而死。③秋季定植过晚，根系未能得到恢复，冬季气温低受冻而死。④葱苗质量低劣，春季栽植之前，葱苗已受冻。⑤春季栽前土壤干旱，栽后无雨，又没有灌溉条件，造成葱苗干枯而死。⑥田间杂草过多，拔草不及时，杂草长大后再拔时常把葱苗带出来造成缺苗。⑦土壤盐碱过重、地下害虫危害及冬前未浇冻水等均可以造成缺苗。

2. 防止田缺苗的措施 ①栽苗深浅要适宜，一般以 2～3 厘米为宜。栽苗时用手将苗四周覆土按实，但注意不要用力过大，以防伤害幼苗。②整地时耙细耙平，做畦前如果土壤干旱，要先浇水，晾至半干时再做畦栽苗。如果土干没有浇水就做畦栽苗了，在栽后要浇 1 次透水。这样，一方面防止干旱，另一方面使葱苗与土壤进一步密接，有利于扎根缓苗。③秋栽，要适时定植，一般在严寒到来前 40 天左右定植。定植过早冬前秧苗生长过旺，翌年会造成未熟抽薹；定植过晚，冬前秧苗根系未得到恢复，翌年容易缺苗。④加强假植苗越冬管理，使之既不受冻也不伤热，提高定植成活率。⑤严格进行选苗分级。无论秋栽或春栽，栽前都应严格选苗，淘汰病苗、矮化苗、徒长苗、分蘖苗、抽薹危险苗和弱小苗，以及受冻、伤热苗。⑥选择土壤肥沃，有机质丰富的沙壤土地块，避免栽植在土壤盐碱过重地块。⑦在整个生育期，要及时防治地蛆、蝼蛄等地下害虫并及早清除杂草。⑧秋栽要掌握好浇冻水和覆盖。冻水不能浇得过早或过晚，最好浇冻水后土壤即封冻不再融化。浇水要选择晴天的中午气温较高时进行，以防冻坏幼苗。冻水不能过量，以水分全部渗入土中没有积水结冰为准。在冬季比较寒冷的地区，要用马粪、堆肥、稻草等及时覆盖防寒。⑨最好采用地膜覆盖栽培。无论春栽或秋栽，采用地膜覆盖均能有效地防止缺苗，而且地膜覆盖栽培还能使洋葱个大而整齐，提高产量。

(二)追　肥

洋葱定植后，首先是根系的增长，此后转向地上部的生长，当地上部分充分生长后才进入鳞茎肥大生长时期。根据洋葱的生长发育特性，进行分期追肥是洋葱丰产的关键措施之一。春季定植的在缓苗以后进行第一次追肥，晚秋或初冬定植的在返青以后进行第一次追肥。这次追肥的目的是，在为根系的继续生长补充养分的同时，也为不久即将开始的地上部的生长做准备。传统的追肥方法是以腐熟的厩肥为主，每 667 米^2 追施 1 000～1 250 千克，如果基肥没有施磷、钾肥，每 667 米^2 可施过磷酸钙 25～30 千克、硫酸钾 10 千克。由于目前普遍采用地膜覆盖栽培，不方便追施农家肥，可结合浇水每 667 米^2 追施磷酸二铵 10～15 千克、硫酸钾 8～10 千克。7～10 天后再追施 1 次提苗肥，以保证地上部功能叶生长的需要。提苗肥多以氮肥为主，每 667 米^2 可追施腐熟人粪尿 1 000 千克或硫酸铵 10～15 千克。当植株生有 8～10 片管状叶后，鳞茎开始肥大生长，此后应进行 2～3 次追肥(催头肥)，一般每 667 米^2 每次追施硫酸铵 10～20 千克。催头肥应以鳞茎膨大生长中期为重点，在鳞茎刚开始肥大生长时不能过多追施氮肥，鳞茎膨大生长后期如氮肥追施过量会发生“贪青”而影响采收。如果基肥中钾肥施用量不足，在追施催头肥时每 667 米^2 应增施硫酸钾（或氯化钾）5～10 千克。这是因为在鳞茎膨大生长期，缺钾不仅会降低产量，而且对产品的耐贮性也有一定影响。

洋葱施用氮素化肥时，硫酸铵、尿素比氯化铵效果好。硫是洋葱所含的芳香油类物质中的有效成分，同时在鳞茎肥大生长期对铵态氮的吸收表现为促进，而对硝态氮的吸收表现为抑制的趋势。目前生产中对化学肥料的追施数量普遍偏高，甚至造成肥害。现将不同土质对不同化肥的安全施用限量列表（表 2-8），以供参考。

表 2-8 不同土质施用化肥（1 次）的限量 （单位：千克/667 米^2）

化肥种类	施肥限量		
	沙 土	沙壤土	中、重黏土
碳酸铵、碳酸氢铵、氯化铵	12.5～15	20	25
硝酸铵、硫酸铵	10～12.5	15	17.5～20
尿 素	6.5～7.5	10	12.5
硫酸钾、氯化钾	3.5～4	7.5	10

（三）浇水与蹲苗

无论在什么季节定植均要浇定植水，通过浇水使根系和土壤紧密结合。从定植到缓苗约 20 天，一般是小水勤浇。这是因为缓苗期主要是促使发根，需水量有限，若浇水量过大，会降低地温而不利于根系生长。如果是在晚秋或初冬定植，越冬前必须进行冬灌（浇冻水），以便顺利越冬。当夜间最低温度下降至 0℃以下、地表开始结冰，但白天气温升高、表土层又能解冻时，浇冻水最为适宜。浇冻水以后，如果气温回升，土壤干燥，应根据天气的变化情况，补浇冻水；否则会使洋葱根系受冻干枯而死。返青水应在翌年早春、10 厘米地温稳定在 10℃时，适时适量地浇灌。返青水浇得过早，因地温尚低对洋葱生长不利；过晚又会抑制生长，甚至使叶部发生干尖。春季定植的洋葱，在缓苗期已浇水 2～3 次，缓苗后需要适当控水，进行蹲苗，促使发根，防止徒长。此后无论晚秋或早春定植的洋葱，为了促使地上部生长，均不能缺水，应根据气候和土质，每隔 15 天左右浇灌 1 次，以土壤表层见干见湿、深层经常保持湿润为原则。如果在这一时期因缺水而使地上部不能充分生长，必将影响鳞茎的重量。

幼苗小鳞茎直径增大至 3 厘米左右时，转向以鳞茎膨大为主阶段，在这个转化过程中，要控水蹲苗，促使转化。经过 10 天左右即可完成生长阶段的转化。此后配合追肥进行浇水，一般每隔 10 天左右浇 1 次，促使鳞茎膨大生长。田间个别植株开始倒伏时停止浇水，否则鳞茎中含水量过多，不耐贮藏，而且还会因过量供水导致外皮崩裂而影响商品品质。一般从定植到收获共浇水 10 次左右，地上部生长期占 2/3，鳞茎膨大生长期占 1/3。

蹲苗，是适当控制水分、促进根系生长的措施。晚秋和初冬定植的，仅在鳞茎膨大前进行 10 天左右的蹲苗；早春定植的，则须在缓苗后和鳞茎膨大前进行 2 次蹲苗。蹲苗时间的长短，要根据土壤、气候和植株生长状况灵活掌握。沙质土和天气干旱时，要适当缩短蹲苗期；黏质土和地势低洼地，则应适当延长蹲苗期。无论在什么条件下，都应根据植株的形态进行判断，即当洋葱成熟的管状叶转变成深绿色、叶肉肥厚、叶面蜡粉增多、心叶颜色加深时，应结束蹲苗，进行浇水。

(四)中耕培土

不覆盖地膜的应进行中耕，尤其在蹲苗之前必须进行中耕。中耕的次数取决于土壤质地，偏黏的壤土中耕次数应多于沙质土壤。中耕宜浅，一般不超过 3 厘米，行间可深些，靠近植株要浅些，植株将要封垄时停止中耕。结合中耕进行培土有提高产量的作用(表 2-9)。

表 2-9　培土对洋葱产量的影响

处　理	每 667 米² 折产		产量比率（%）	鳞茎大小(厘米)		纵/横
	株	千　克		横　径	纵　径	
对照（不培土）	10895	2696.5	100	8.5	6.8	0.80
培　土	10627	2978.5	110.5	8.6	7.4	0.86

(五)越冬保苗和预防早期抽薹措施

定植后田间缺苗和早期抽薹是洋葱减产的主要因素。生产中应根据洋葱的生理特性,采取相应的技术措施。

1. 越冬保苗　洋葱在晚秋或初冬定植成活后,能否保护幼苗安全越冬,是洋葱能否增产的关键。越冬保苗的主要措施:①定植前叶面喷磷,定植时用植物生长调节剂溶液浸根。②倾斜栽植。洋葱定植时将幼苗摆放在定植沟向阳的一侧(栽阳沟),使其能偏向受光,以利发根缓苗,可显著提高成活率。试验证明,向阳面的根长和根重数值比背阴面分别提高 80%和 1 倍以上。③选苗与补苗。大小不同的洋葱苗在越冬能力上差别很大,叶鞘直径为4～6 毫米的小苗,越冬缺苗率为 39%～82%,比大苗和中苗的缺苗率要高出 1 倍以上。另据试验,单株鲜重 2～4 克的小苗越冬成活率为 24%,而 8～10 克的大苗为 77%。鲜重 10 克以上的大苗虽然成活率高,但易发生早期抽薹,故不宜选用。一般认为,叶鞘直径 6～7 毫米、单株鲜重 4～6 克是适度大小的幼苗。翌年洋葱苗返青后,在浇水返青前要进行查苗和补苗。④浇冻水与覆盖防寒。晚秋或初冬定植的,冻水不能浇得过早或过晚,最好在浇水后土壤随即封冻而不再融化。不同地区和年份浇冻水时间有别,如河南中北部一般在 12 月上旬浇冻水。要选晴天的中午气温较高时浇冻水,浇水量以充足且全部渗入土中、地表无积水结冰为准。比较寒冷的地区,可在畦面用堆肥、马粪、碎豆秸、麦秸或稻草等覆盖防寒。另外，近年来利用地膜进行覆盖栽培，可提高保苗效果。利用废旧薄膜压在畦面防寒，也有一定效果。

2. 防止早期抽薹 洋葱幼苗秋季或春季定植后，经过春夏季的生长，一般地上部长有 9～10 片叶，地下部已形成鳞茎，即葱头。葱头收获后在秋末或翌年春栽到地里，长出几片叶后，才能抽出花薹开花结实。但有的洋葱幼苗栽植后，没长几片叶，在鳞茎形成前就过早地抽薹了，这种现象称作洋葱早期抽薹，也叫未熟抽薹。未熟抽薹的植株地下不能形成葱头。不同品种感受低温的敏感性不同，优良品种表现丰产且抽薹率较低；而对低温敏感性强的品种，很易出现未熟抽薹现象。播种过早，幼苗生长较粗，直径超过 0.8 厘米，而且长时间（60～70 天）处于低温（2℃～5℃）条件的早期抽薹率明显提高；幼苗直径在 0.5 厘米以下的没有早期抽薹现象。另外，定植时间早比定植时间晚的抽薹率高；播种晚、幼苗小，但定植过早抽薹率也较高。

防止早期抽薹的主要措施：①选择不易抽薹品种。②正确掌握播种期。适宜播种期是从长期生产实践中总结出来的，生产中应严格遵守，不能盲目改变。秋播育苗播种过早，翌年就可能发生早期抽薹；但如果为了避免早期抽薹而播种过晚，幼苗营养体过小，会造成减产。洋葱田间早期抽薹率在 10%左右一般不会造成较大影响。③选用大小适度的标准幼苗定植。④育苗期不能过度采取控制措施，以免幼苗老化而出现早期抽薹。⑤晚秋定植不宜过早。晚秋定植如果过早，即使幼苗大小适当，由于气温较高，幼苗定植后继续生长，到达能够通过春化阶段的程度时，就会发生早期抽薹。所以，晚秋定植不宜过早，这个问题南方地区比北方地区更为突出。⑥避免肥水管理失误。晚秋定植的洋葱，在越冬前若肥水过重，幼苗生长过旺，会导致早期抽薹和分球；翌年春季返青后若肥水不足，则对花芽分化有促进作用，更会加重早期抽薹现象。⑦用植物生长调节剂控制抽薹。据研究，在幼苗期或花芽分化后用2 500毫克/千克乙烯利或1 600毫克/千克青鲜素溶液喷洒，可降低早期抽薹率。⑧摘蕾摘薹。对早期抽薹的植株摘蕾或摘薹后仍可形成鳞茎（撇母），但鳞茎的商品性和耐贮性均较差。关于不同时期摘薹的效果，据王德槟等研究（表2-10），早期摘薹并没有出现较好的成效。另外，根据天津市郊区菜农的经验，在基部摘薹，从伤口滴进雨水易招致腐烂；摘薹不如在早期将花薹顶部的花苞摘除，以免浪费养分。还有的采用掰薹法，即用手将花薹从上至下撕成两半，促进侧芽生长，形成鳞茎时侧芽将掰开的残余薹茎挤到一侧，最后长成一个较充实的鳞茎。

表2-10 摘薹早、晚对鳞茎重量的影响

摘薹时期	调查株数（株）	单株平均重（克）	鳞茎	
			平均重（克）	比较（%）
正常株（CK）	100	122.5	95.0	100
薹长16.6厘米	51	117.6	70.6	74.3
薹长33.3厘米	41	103.6	69.5	73.2
薹长50厘米	52	96.1	76.0	80.0

第五节 洋葱贮藏保鲜技术

一、洋葱采收与采后处理

（一）临近采收期的管理

1. 肥水管理 以贮藏为主的洋葱，采收前应严格控水控肥。壤土或黏质土，采收前15～20天应停止灌溉和追施氮肥；沙土地采收前7天应停止灌溉，以促进休眠、降低体内水分。以鲜销为主用的洋葱，临近采收期应采取控肥不控水管理，沙壤土或壤土可在采收前 3～5 天、沙土地在采收前 1～2 天浇 1 次透水，以增加鲜销产量和商品洋葱的新鲜度。

2. 控制使用化学农药 一般在采收前 15～20 天，禁止施用化学药剂，在安全间隔期内严禁采收上市。用于长期贮藏的洋葱，可在收获前 14 天左右，用青鲜素（顺丁烯二酸酰肼）处理，破坏植株生长点，抑制发芽，以延长贮藏期。具体方法是：每 667 米^2 用 0.25％青鲜素溶液 50～75 千克，在晴天喷施叶片。为增加药液黏着力，每 50 千克药液可加入 1.5 千克大豆豆浆或 0.1 千克合成洗衣粉。处理后的鳞茎可贮至翌年 4～5 月份不萌芽。生产中应严格掌握用药时间，以田间开始出现倒伏植株时喷施为宜。用药过早，鳞茎组织呈海绵状而失去商品价值；过晚或喷药后 24 小时内遇雨，则达不到效果。用青鲜素处理的鳞茎，生长点已被破坏，顶芽永不萌发，因而不能留种。

（二）适时采收及采后处理

1. 采收适期 洋葱收获季节，因栽培地区和品种不同而异。河南、山东等地多在夏至前收获，北京、天津、河北中南部等地多在夏至收获，东北各地一般在小暑至大暑收获，上海、南京一般小满前后收获。洋葱成熟的标志是：植株下部第一、第二片叶枯黄，第三、第四片叶尚带绿色，假茎变软并开始倒伏，鳞茎停止膨大进入休眠阶段，鳞茎外层鳞片变干，此时即为收获适期。早收减产；迟收遇雨，鳞茎外皮破裂，不耐贮藏。在鳞茎肥大生长的后期，植株将叶鞘的颈部倾倒，这是因为鳞茎内形成的鳞叶再没有新的叶片充实叶鞘而发生中空，当难以承受叶身重量时便发生倒伏。若遇到风雨或干热天气，会促使提前发生倒伏。倒伏是鳞茎趋于成熟的象征，从某种意义上说，是鳞茎将进入休眠的前奏，它标志着已进入收获期。

各地洋葱的收获期相差较大，生产中要根据洋葱的生长状况和市场需求情况而定。另外，还要考虑到当时的天气状况，采收前要注意收看中长期天气预报，选择近1周内无雨的时间段进行采收，最好是收获后有几个晴天，以便进行晾晒。

作为鲜销的早熟栽培洋葱，为提早采收，可把植株地上部扭转压倒，以促进地上部枯萎及葱头形成，但压苗不宜过早，否则会降低产量。休眠期短、耐贮性较差的品种，收获期应适当提早，在倒伏植株达到30%～50%时及时收获。中晚熟、休眠期较长的品种，在自然倒伏率达到70%左右，第一、第二片叶已枯死，第三、第四片叶尖端部变黄时，是收获适期。收获过早，鳞茎养分蓄积少，影响产量和品质；收获过晚，则萌芽早，腐烂率较高。

2. 采收及采后处理 收获时避免机械损伤，尽量不碰伤鳞茎不折断叶片，这样既便于编辫或扎捆，也可减少贮藏期间因伤口感染而导致腐烂。用于鲜销的，可边采收边分级随时上市；用于挂藏的，可就地及时晾晒，一般就地将葱头放在畦埂上，叶片向上、鳞茎朝下紧密排列，后排叶片盖住前排鳞茎，依次摆放，避免烈日直接晒鳞茎。一般晒3～5天，中间翻动1次，当叶片绵软能编辫子时即可。如遇降雨，应在降雨前，在田间选择高燥的地码成1米左右的小垛并加以覆盖，防止雨淋。

经过晾晒的洋葱挑选后，将发黄绵软的叶片编成长约1米的“辫子”，两条“辫子”结在一起成为一挂，每挂数十头。编好的洋葱，还需经二次晾晒，一般再晾晒3～5天，晒至洋葱充分干燥颈部完全变成皮质，鳞茎外皮“沙、沙”发响时为宜。二次晾晒可集中于荫棚，最好使用遮光度50%的遮阳网覆盖，遇雨时在遮阳网上覆盖塑料薄膜。

栽培面积较大时，采收后预备贮藏的，拔收后先在田间晾晒2～3天，剪秆后进行二次晾晒，茎秆保留5～8厘米。二次集中晾晒方法：一是选高燥地方，地面铺一层草苫、草席或木板，或架设竹排分层摊开风干。二是搭遮阴防雨篷，最好使用遮光度50%的遮阳网，遇雨时在遮阳网上覆盖塑料薄膜。三是使用的编筐或塑料筐应洁净，内表平滑，边缘平展，筐的每根藤（竹）条的首段和尾段都应向筐的外侧。注意不要将产品用力倾倒或扔到容器中，以保证将损伤降至最低限度。

如下雨或农田受水浸而不能进行田间愈伤，应采用热空气强制通风进行愈伤，温度保持 35℃～45℃，空气相对湿度保持 60%～75%，表皮的干燥层可使产品在贮存过程中不再失水。

洋葱外表皮风干后，剪除根须和干叶鞘，分级装袋或筐待贮。

二、洋葱贮藏特性与条件要求

（一）品种与耐贮性

洋葱分为普通洋葱、分蘖洋葱和顶生洋葱，生产中栽培与贮藏均以普通洋葱为主。普通洋葱鳞茎肥大，产量高，品质好，但休眠期短，易萌芽。普通洋葱依洋葱鳞茎色泽分为红皮种、黄皮种和白皮种，不同类型的品种其耐贮性也不同。

红（紫）皮种，鳞茎扁圆形或球形、外皮紫红色或红色，多为晚熟品种。该品种鳞茎大，产量高，脆嫩多汁，辣味较浓。但休眠期较短，品质和耐贮性不如黄皮种。黄皮种，鳞茎浅黄色、扁圆形或圆球形，外皮黄色，肉质细嫩，味甜且辣，味较淡，多为中晚熟品种，产量不及红皮种，但品质和耐贮性均佳。其中从国外引进的黄色品种品质更佳，近几年冷库贮存的主要品种有红叶三号、中甲高黄、大宝、地球、中生黄金玉等。白皮种，鳞茎较小，外皮及肉质均为白色，品质极好，多为早熟品种，不耐贮藏，易抽薹。

（二）洋葱贮藏特性

洋葱属于 2 年生蔬菜，具有明显的生理休眠期。自夏季收获后即进入休眠期，呼吸减弱，虽有适宜的生长条件，鳞茎也不萌芽，能安全地度过炎热季节。洋葱休眠期为 1.5～2.5 个月，通过休眠期的洋葱，遇有高温高湿条件便萌芽生长。9～10 月份大多萌芽生长，养分转移到生长点，品质逐渐下降。因此，冷库贮存过程实际上也是延长休眠期、阻止萌芽的过程。

洋葱适应冷凉干燥的环境，温度保持在0℃～1℃，空气相对湿度低于80%，才能减少贮藏中的损耗。如收获后遇雨或未经充分晾晒或贮藏环境湿度高，均易造成腐烂损失。

洋葱的耐贮性与土质、土壤水分、施肥种类和数量、鳞茎成熟度、病虫害的侵染情况以及收获后的干燥处理等许多因素都有关系。但从品种生态特性讲，与耐贮性关系最密切的是休眠期的长短和洋葱鳞茎的成分。休眠期长，萌芽发生得晚，自然耐贮性高而且质量好。洋葱鳞茎的成分与耐贮性关系，主要是干物质和糖分，不同品种的干物质和糖分不同，干物质低者可小于10%，高者可在12%以上，一般干物质高的含糖量相应也高。干物质和含糖高的品种，腐烂率低，贮藏效果好。从不同品种类型来看，晚熟品种的耐贮性高于早熟品种；黄色品种高于红色品种；白色早熟品种则多不宜贮藏。

(三) 洋葱适宜的贮藏条件

洋葱适宜的贮藏温度为0℃±1℃；适宜的气体成分氧气为3%～6%，二氧化碳为8%～10%；空气相对湿度为65%～70%；休眠期为1.5～2.5个月；适宜贮藏期为6～8个月。

三、洋葱贮藏方法

(一)简易贮藏方法

1. 垛藏 垛藏是我国京(北京)、津(天津)、唐(唐山)一带的传统贮藏方法，实际上是一种室外堆藏形式，贮藏期较长，效果较好。选择地势高燥、通风良好、便于排水的场地，地面垫土，并铺作物秸秆。把经过晾晒的葱辫堆码在秸秆上，堆垛为长方形，长5～6米、宽1.5～2米、高1.2～1.5米。垛好后，四周及垛顶用草席覆盖，并用草绳或铁丝绑紧。为了防雨，可在最上面加盖塑料薄膜。贮藏前期，应勤检查垛温，发现发热及时倒垛。

2. 挂藏　将经过晾晒的洋葱编成辫子，每条长约 1 米，2 条合起来为 1 挂。在室内（或室外）搭起晾架，架高 1.2～1.5 米，长度根据具体条件而定。将编好的洋葱辫子挂在架上，使辫子底端离地 20 厘米左右，上面盖塑料薄膜防雨，根据天气变化，可随时加盖草席等覆盖物防寒防冻，适时揭去覆盖物通风散湿。这种方法贮量小，效果好，管理方便，适合家庭使用。

3. 塑料大帐贮藏　选择红皮洋葱，除去伤、病、遭雨淋的洋葱，装入用 0.5%漂白粉混悬液消毒的贮藏筐内，将贮藏筐码在荫棚进行通风贮藏，备 7 月下旬进行塑料大帐封闭贮藏。

选地势高燥、通风良好的凉棚下或室内建贮藏架，贮架大小根据贮量多少而定，一般以 1 000～2 000 千克为宜。架的材料可采用圆木或角铁，架的四周挖深 15～20 厘米的小沟。架底铺设比架子大 20～30 厘米的底膜，在架内堆放装筐的洋葱，堆满后用塑料薄膜扣帐，将底膜和帐四壁膜卷合在一起，埋入沟内，用土压实。采用自然降氧法，使帐内氧气控制在 5%、二氧化碳控制在 13%左右。帐内氧气浓度过低时，利用通风口向帐内通风。每周向帐内通入 4 000 米^3 氯气，抑制病菌生长。外界气温过低时，可在周围加草席保温。

（二）机械冷藏库贮藏方法

1. 库房消毒　库房消毒剂的种类很多，目前生产上广泛应用有以下两种。

①硫磺熏蒸消毒　每立方米空间用硫磺粉 10 克拌木屑，或在容器内加入硫磺粉、酒精或高度白酒，点燃后密闭熏蒸 24 小时。燃烧硫磺虽然使用方便，价格低廉，但存在 2 个问题：一是杀菌种类少，杀菌能力低。二是燃烧后的二氧化硫对库房中蒸发器、送风管等金属器具有较强的腐蚀性。

②用40%甲醛1000倍液喷洒消毒　甲醛杀菌谱广、杀菌能力强，但使用时安全性差，具有致癌作用，应注意安全使用。

此外，也可用10%漂白粉混悬液喷洒消毒。用CT高效库房消毒剂(多菌灵混剂)喷洒，对灰霉、青霉、根霉、黑曲霉等杀死率达90%以上，而且使用方便、安全、对金属腐蚀小。还可用二氧化硫烟剂烟熏消毒。

2. 控制温度　近年来的洋葱杂交品种，生长势强，水分含量较大，贮藏期间应注意控制温度，以保证贮藏品质。黄皮洋葱入库后应立即降温至0℃～1℃，严禁低于0℃。红皮洋葱干藏的应逐步降温至－0.6℃～0.8℃，待预冷彻底后将库温调至－0.4℃～－0.6℃。据国外资料报道，用于长期贮存的洋葱在干燥后应立即进行预冷，使温度到达0℃。预冷的方式影响产品的耐贮性，快速预冷可以抑制洋葱在贮藏中生根发芽。自然(慢速)预冷可提高耐贮性，这是因为洋葱有一个较长时间的休眠期，这种状况有利于洋葱的愈伤。但逐渐冷却(每天降温1℃)在抑制洋葱发芽生根方面不如快速冷却。控温贮藏的具体步骤如下。

(1)提前降低库温　洋葱入贮前2天，将库温降至5℃，这需要3～4天的降温时间。洋葱入贮后应尽快将库温降至1℃±0.5℃

(2)洋葱预冷　有条件的，可先入专用预冷间(通常使用房间冷却)预冷，待洋葱的温度接近于冷藏温度时，再转入冷藏间贮藏。不管有没有预冷条件，对于已经挑选好的洋葱，都应该尽快入库。

(3)贮藏适温　洋葱贮藏的适宜温度为0℃±1℃，在5℃～20℃条件下贮藏洋葱会迅速发芽和腐烂，15℃是萌芽的最适温度，高于或低于这个温度，萌芽都会受到抑制，在0℃条件下，贮藏至7月末都可能不发芽。如果出现发芽现象，说明贮藏温度过高、愈伤不好或洋葱不够成熟。洋葱贮温过低(低于－2℃～－3℃)可受冻害，症状为在化冻和切碎后有水渍斑出现，轻微冻害的洋葱，在缓慢化冻后则无明显的伤害，而且不移动它们的位置，可以恢复原状。

(4)保持温度稳定　在整个贮藏期间要避免贮藏库温度产生较大的波动和变化，防止结露，保持温度与湿度稳定，并避免刺激呼吸。合理的码垛，有利于垛内空气环流和通风、除热降温、干燥，保持库内不同部位温度与湿度均匀一致。

(5)除霜　及时除霜，可保持风机良好的运行和快速降温。

(6)温度监测　贮藏期间，要注意准确测定温度。

3. 控制湿度　洋葱在采收之后，一定要进行充分的晾晒，使其表层的水分蒸发，降低湿度。降低洋葱贮藏湿度对延长休眠期和抑制发根有显著作用。库内空气相对湿度应保持在65%～70%，较低的湿度有利于洋葱的贮藏。但是如果空气相对湿度为85%，使用强制通风的方法，或加干石灰吸潮，贮藏效果也很好。贮藏期如果出现长根，说明湿度过高。

4. 其他注意事项　①洋葱不能与地面直接接触，必须用垫板或干燥的草垫。②码垛时注意袋与袋、垛与垛之间留有一定空隙，垛高应小于1.8米。否则，易造成挤伤、压伤，影响加工出品率。③用塑料周转筐装洋葱时，可码放到与风口相同的高度。④贮藏期间出入库应尽量选择晴天的清晨，否则高温高湿的外界空气将对洋葱造成很大破坏。库存出货时，应慢慢回温，使库温与出库时外界温度差小于5℃。⑤通风库内要有足够的空气循环和通风量，以防升温发热，并可排除垛中、袋中的湿气。每平方米洋葱的通风量为0.5～1米^3。⑥贮藏期限。在温湿度和管理条件相同的情况下，洋葱的贮藏期限因品种和气候条件的不同而异。一般通风库贮藏期为3个月，贮期不能超过2月末。这是因为到3月份由于外界气温上升，产品温度也会跟着上升，鳞茎开始软化和萌芽，而导致生根、腐败洋葱增加，产品品质明显下降。冷库贮藏期为6～8个月。

第六节 洋葱病虫害防治技术

一、洋葱主要病害及防治

(一) 洋葱霜霉病

霜霉病是危害洋葱的一种主要病害，流行性强，各地普遍发生。

1. 危害症状 根据环境条件和发病时期的不同可分为初次侵染（系统侵染）和再次侵染。初次侵染发生在秋季苗床或早春田间，冬季菌丝发展，翌年春季出现病斑。幼苗感病后生长不良，叶片无光泽，叶身扭曲；春季转暖后病斑扩展快，并可危害新生叶，空气湿润时，病斑生出稀疏的白色或灰紫色霉状物。病株作为发病中心继续蔓延，形成再次侵染，主要危害叶部和采种株的花薹。症状表现有5种类型：一是叶片被害部位的表面覆有白色或淡紫色绒状霉。二是叶部发生长卵形或椭圆形淡黄绿色病斑，表面长出白色或灰紫色霜霉，经雨水冲刷后病斑变为灰白色，叶片枯死。三是产生大小不同形状的黄色病斑，但不着生霉状物。四是椭圆形病斑周围有宽2～3毫米、稍凹陷的灰白色圈带。五是在持续干旱的条件下，呈现灰白色小型病斑，后期往往在病部又被灰霉病、黑斑病等半腐生菌侵染而产生灰色或黑色霉状物。鳞茎受害后，外部鳞片变软、皱缩，有时混发软腐病。该病的特征为病斑较大、长椭圆形、黄白色，雨后病斑变为灰白色，潮湿时病斑上长出稀疏白霉，高温时长出灰紫色霉。

2. 发病规律 病原菌主要来源于定植的病株，发病期常以带病植株形成明显的发病中心。留种田，带病株率较高，病菌可以借风进行远距离传播，成为次要侵染源。一般病原基数大的年份发病重。洋葱在苗期即可发病，病菌可以以菌丝体直接在带病植株上越冬，部分病原为土壤中越冬的卵孢子。2～3 月份随着气温的回升，年前带病植株开始缓慢发病，病株上形成大量病原物，同时土壤中越冬的卵孢子也开始萌发侵染，成为该病的初侵染源。病菌借风、雨、灌溉水传播，一般年份在 4 月中旬前后病害开始流行，4 月中旬至 5 月上旬为田间发病盛期，5 月上旬以后，随着气温的进一步升高，病害基本停止发展。后期在病株上形成卵孢子随收获在病残体或土壤中越夏或越冬，成为下一个生长季节的初侵染源。

一般日平均温度 10℃～20℃、空气相对湿度高于 80%，持续 1 周以上，洋葱霜霉病会普遍发生和蔓延。孢子囊的萌发和侵入也必须在洋葱叶片有水滴或水膜的条件下才能完成。因此，洋葱霜霉病的发生流行总是伴随着雨、雾、露天气发生，特别是连续 3 天以上大雾天气，最容易诱发该病暴发流行。河南省霜降前后至初冬和早春 2～3 月份是该病主要发生季节。

3. 防治方法　与大葱霜霉病防治方法相同。

(二)洋葱菌核病

洋葱菌核病(小菌核病)在主产区连作地病情严重，常造成减产，感病后的洋葱不耐贮藏。

1. 危害症状　叶片发病初期为水渍状，而后变为淡褐色或灰白色，病斑形状不定，最后变白破裂，叶片枯死下垂。剖开病叶里面有白絮状菌丝体。在潮湿条件下，病部散生乳白色至黄褐色、最后变为黑色的小菌核。种株的花梗上也产生同样的病症，从病部折断下垂。该病以病部产生黑色小菌核可与其他病害相区别。

2. 发病规律　病原菌的菌核在病残体上或土壤中存活时间较长。春季在多湿条件下形成子囊盘和子囊孢子，借气流传播。菌核也可产生菌丝进行初次侵染，以后以菌丝扩大传染。一般4～5 月份和 10～11 月份易发病，在重茬、排水不良和生长较弱的情况下发病较重。

3. 防治方法 病菌半腐生性强，发病严重的地块应与非葱蒜类作物实行 3～4 年轮作。因病菌可附着在种子上传播，播种前可用 50%福美双(或 50%多菌灵、50%硫菌灵)可湿性粉剂，按种子重量的 0.4%进行药剂拌种。在发病初期，可喷洒 75%百菌清可湿性粉剂或 64%噁霜·锰锌可湿性粉剂或 70%代森锰锌可湿性粉剂或 58%甲霜·锰锌可湿性粉剂 500 倍液，或 50%异菌脲可湿性粉剂 1 500 倍液。如有葱蓟马同时危害，可在上述药液中加 2.5%溴氰菊酯乳油 1 500 倍液，或 20%氰戊菊酯乳油 3 000 倍液，以兼治葱蓟马。

(三)洋葱灰霉病

洋葱灰霉病(面腐病、洋葱瘟病)在田间危害叶鞘、花薹和小花梗，也是贮藏和运输中的主要病害。

1. 危害症状 在田间发主要危害叶鞘、花梗及鳞茎颈部，形成淡褐色的病斑，内部腐烂，潮湿时病部长满灰色粉状霉。若在叶尖发病，先为白色椭圆形或近圆形病斑，病斑不断扩大，连成片后使叶片卷曲枯死，湿度大时可发生灰霉。在花薹和小花梗上的病症与叶尖发病相同。贮藏期发病，先在鳞茎颈部或肩部出现舟式凹陷的病斑，而后变软，呈淡褐色，鳞片间有灰色霉层，后期产生褐色小菌核。鳞茎感病后常被软腐病菌再次侵入，招致腐烂发臭。此病以高湿条件下发生灰色霉层、后期病部产生黑褐色小菌核为特征，可与炭疽病和软腐病相区别。

2. 发病规律 此病以属于半知菌亚门的葱腐葡萄孢菌致病力最强，此外还可从病株上分离出葱鳞葡萄孢菌和葱细丝葡萄孢菌。遗落于田间的病残体和土壤中的菌核可较长期地存活。初次侵染后在病斑上再产生大量分生孢子，借气流、雨水或灌溉水传播，从伤口侵入后，再蔓延到鳞茎的颈部和肩部。低温、高湿是发病流行的条件。收获前遇雨，收获后不能充分晾晒，也会招致发病。

3. 防治方法　参照大葱灰霉病防治方法。

(四)洋葱炭疽病

洋葱炭疽病主要发生在南方地区,除田间发病外,在贮藏过程中仍可继续发病,若防治失时,会造成较大的损失。

1. 危害症状　叶片发病,初生近梭形淡褐色至褐色病斑,后轮生许多小黑点,由于病斑的发展,可使病斑以上部分枯死。鳞茎感病,先在外侧鳞片或颈部下方发生淡灰褐色斑纹,扩大后融合成大病斑,上面轮生黑色小粒点。侵害嫩鳞片时,则先出现黄色凹陷小斑,而后扩大成圆形病斑。病部可深入内部,引起腐烂。此病的特征是轮生黑色小粒点会突破表皮,用扩大镜可看到黑色刚毛,湿度大时,可产生乳白色孢子堆。

2. 发病规律　病菌随病残体在土壤中存活,也可附着在被害鳞茎上越冬。翌年春暖高温时产生分生孢子,可借雨水或地面流水传播。在多雨年份,尤其在鳞茎生长期阴雨连绵或排水不良的低洼地,发病较重。

3. 防治方法　洋葱白皮品种感染炭疽病重。有色品种鳞茎的外皮含有邻苯二酚,可以抑制病菌侵染,故栽培时可选用抗病品种,并与非葱蒜类作物实行 2～3 年轮作。进入雨季前喷洒 50%福·福锌可湿性粉剂或 50%甲基硫菌灵可湿性粉剂 500 倍液,或 40%硫磺·多菌灵悬浮剂或 75%百菌清可湿性粉剂或 50%硫菌灵可湿性粉剂 600 倍液,或 1∶1∶160～240 波尔多液进行预防。一旦发现中心病株,可用上述药剂连续喷洒 2～3 次进行防治。

(五)洋葱黑粉病

洋葱黑粉病在较寒冷地区易发生,一旦发生就会年年发病。

1. 危害症状　主要在 2～3 叶期的幼苗上发生,当病苗长至约 15 厘米高时,叶片微黄,第一、第二叶稍有扭曲、萎蔫。仔细观察叶片及未膨大生长的鳞茎可发现有银灰色稍隆起的条斑,严重时条斑变成肿瘤状，表皮破裂后散发出黑褐色粉末。该病的特征是感病后期为银灰色疱状肿瘤，内部充满黑褐色粉末，容易与其他病害相区别。

2. 发病规律 病菌的厚垣孢子可在土壤中长期存活，是初侵染的来源。种子发芽后 20 天内，病菌从子叶基部等处侵入，以后再产生厚垣孢子，借风雨及流水传播。播种后气温为 10℃～25℃ 时易发病，20℃为发病适宜温度，超过 29℃不易发病。

3. 防治方法 选择非葱蒜类地块育苗，杜绝苗期感病。选无病大苗定植。播种前先用 40%甲醛 50 倍液喷洒床面，每平方米苗床用药液 75 克。也可在播种前按每平方米苗床用 50%福美双可湿性粉 1 克处理床土。

(六)洋葱软腐病

洋葱软腐病在田间和贮藏期均可发病，我国南方地区发病较重。

1. 危害症状 田间多在鳞茎膨大期发病，发病后在外叶下部产生灰白色半透明的病斑，使叶鞘基部软化而倒伏。鳞茎颈部出现水渍状凹陷，不久鳞茎内部腐烂，有汁液溢出并有恶臭。贮藏期多从鳞茎颈部开始发病，手压病部有软化感，鳞片呈水渍状并流出白色带有臭味的汁液。该病的特点是鳞茎颈部呈水渍状凹陷，并引起腐烂发臭。

2. 发病规律 参照大葱软腐病。

3. 防治方法 参照大葱软腐病。

(七)洋葱白腐病

1. 危害症状 洋葱幼苗及成株的叶片、鳞茎和花薹均可发病。初期叶片尖端变黄，继而向下蔓延，在鳞茎和不定根上生出绒毛状白色菌丝，随后呈水渍状腐烂。后期在菌丝层中产生芝麻粒大小的黑色菌核。该病的特征是地上部的外观似生理病害，拔出后在不同发病时期会看到水渍状病斑、白色菌丝层或已产生的菌核。

2. 发病规律　参照大葱白腐病。

3. 防治方法　参照大葱白腐病。

(八)洋葱锈病

参照本书大葱锈病危害症状、发病规律及防治方法。

(九)洋葱黑斑病

1. 危害症状　发病初期，在叶片和花茎上形成黄白色小圆斑，而后较快扩展，边缘处为黄色晕圈，内部为黑褐色，病斑相连仍保持椭圆形。发病后期，病斑上密生黑色短绒状霉菌并具有同心轮纹。鳞茎多在临收前发病，初发时呈水渍状，而后病斑上生出霉层而变黑。

2. 发病规律　寒冷地区，病菌随病残体在土壤中越冬后以子囊孢子进行初侵染，而后则产生分生孢子，进行再侵染时是借风传播。在温暖地区，主要是靠分生孢子反复侵染蔓延。在植株长势不良、管理不善的田块易发病，因受冻害造成长势不良时，也会感病。

3. 防治方法　此病多在长江中下游的梅雨季节发病，尤其是长势弱的植株更易染病，因此生产中应加强田间管理和注意排水。在发病初期，可喷洒 75%百菌清可湿性粉剂 600 倍液，或 50%异菌脲可湿性粉剂 1 200～1 500 倍液，或 64%噁霜 · 锰锌可湿性粉剂 500 倍液，一般隔 7～10 天喷 1 次，连续喷 3～4 次。

二、洋葱营养失调症

1. 缺氮与氮过剩症　氮素不足，洋葱生长受抑制，先从外叶开始黄化，严重时叶片枯死，但根系仍保持生活力。在植株营养体(叶和鳞茎)形成的初期，对氮素的要求较高，是需要氮素的关键时期。进入鳞茎形成期后，如氮素供给不足，会使鳞茎肥大生长不良，外形瘦长，不能充分发挥品种固有的丰产潜力。

氮素过剩，叶片多，叶色深绿，营养生长过旺，叶部贪青使之延迟成熟，而且容易感染病害，商品性差，不耐贮运。苗期施氮肥过多，叶片营养生长过旺，葱头小，易产生大脖子鳞茎，即假茎粗。一般土壤中氮素含量在 30～60 毫克当量就容易发生生理障碍，这是因为当氮素供给过多时，由于鳞片水溶性氮积累过多，影响对钙的吸收，缺钙易发生心腐（内部鳞片缺钙而腐烂）和肌腐（外部鳞片腐烂）。

2. 缺磷与磷过剩症 磷对洋葱幼苗期的发育十分重要，可能直接影响株高和叶数的增加，甚至根系也会因缺磷而发育不良。在鳞茎肥大期缺磷，也会造成减产。但如果磷素吸收过剩，则鳞茎外部的鳞片会发生缺钙；内部鳞片会发生缺钾；鳞茎盘（底盘）会发生缺镁，从而导致洋葱发生肌腐、心腐和根腐等生理病害。必须指出的是，一旦出现缺磷症状，再向土壤追施磷肥已无济于事。因此，必须事先在基肥中配施磷肥，或用磷酸二氢钾溶液喷洒叶面补肥，作为应急措施。

3. 缺钾与钾过剩症 苗期缺钾，当时不表现出明显的症状，但对以后鳞茎的肥大生长会有影响。在鳞茎肥大生长期缺钾，不仅容易感染霜霉病，还会降低耐贮性。一般在洋葱植株达到最大高度后应适当控制氮肥而增施钾肥，以满足洋葱生长发育的需要。施钾肥过多，钾过剩，或在土壤缺水或湿度过大的情况下，影响植株对钙、镁等元素的吸收。

4. 缺钙 钙吸收不足，则根部和生长点的发育功能会受到影响，组织内的碳水化合物也会降低，从而影响鳞茎的生长和品质，这也是导致发生心腐病和肌腐病的直接原因。若钙吸收过量，会导致微量元素的失调。

5. 缺镁 缺镁的症状是嫩叶尖端变黄，继而向基部扩展，以至枯死。如发现缺镁，可叶面喷洒 1% 硫酸镁溶液，喷洒 2～3 次后即可收到显著的效果。

6. 缺硫　洋葱缺硫叶片变黄，生育不良。另外，硫是 B 族维生素和丙烯基硫化物的成分之一，这足以说明洋葱需要一定的硫。施用硫酸根化肥，可以收到一举两得的效果。

7. 缺铜　洋葱缺铜鳞茎外皮薄、颜色淡。在泥炭土质地带曾发生过缺铜的报道，采取每 667 米^2 施硫酸铜 8～22 千克的措施后，鳞茎外皮增厚，颜色转浓，鳞茎紧实。

8. 缺硼　洋葱缺硼叶片弯曲、生长不良，嫩叶发生黄色和绿色镶嵌症状，而且质地变脆，叶鞘部分发生梯形裂纹。鳞茎则表现疏松，严重时发生心腐病。叶面补硼可喷洒 0.1%～0.3% 硼酸溶液，土壤补硼可每 667 米^2 施硼砂 1 千克。硼施用过量或施用不匀会发生烧根，应予注意。

9. 缺锌　植株矮小，叶脉间失绿，小叶簇生。

10. 缺铁　心叶发黄，叶脉间失绿，下部老叶叶色正常，严重时整个叶片变白，叶脉变黄。

三、洋葱生长异常

1. 未熟抽薹　又叫先期抽薹。洋葱抽薹开花是正常的生理现象，但由于我们栽培的目的是要获得地下鳞茎，如果洋葱生长后期不坐头或只长很小的葱头就抽薹则称为未熟抽薹。洋葱是绿体春化作物，只有幼苗长至 0.7～1 厘米及以上高时遇到 3℃～5℃ 的低温，经过一段时间后才会抽薹。防止措施：①选择适宜的品种，新品种必须先引种试种再示范推广，而且要从正规渠道向信誉好的单位购种。冬洋葱要选择短日照型的早熟种，春洋葱最好用本地的红皮洋葱，避免不同纬度之间盲目调种。②掌握适宜的播期。春洋葱在白露节气前后播种比较适宜。如果秋播过早，越冬时长成为大苗就很容易通过春化未熟抽薹。生产中一般抽薹率在

10%以内或结了葱头又抽薹均属正常现象。③加强肥水管理。苗期施氮肥不宜过多，否则秧苗生长过旺，遇到低温时容易通过春化而抽薹。立春以后要及时追肥浇水，促进生长，否则植株营养生长不足，也容易抽薹。④适时摘除花序。如发现抽薹株，可人工摘除花序以免消耗养分，注意不要摘着葱管，以防雨水和病菌侵入引起腐烂。

2. 发杈分球 一般洋葱很少分蘖，1 株结 1 个葱球。但如果定植大苗、徒长苗、分蘖苗，成活以后很可能出现分蘖，这些分蘖苗将来也会结球，每株可形成 2～3 个较小的葱头，商品性降低。也可能由于种子不纯，其中混杂有分蘖洋葱，而出现分球。防止方法：选用纯度高的种子，定植时淘汰徒长苗、分蘖苗及大苗，选择生长一致的壮苗。成活后出现的分杈苗可人为掰去留下 1 个苗。

3. 裂球 洋葱鳞茎膨大期结束，如遇连续干旱后突然降雨或浇水，细胞组织吸水膨胀产生外力而出现开裂。因此，洋葱成熟时要及时采收，采收前禁止浇水，雨后及时排水。

4. 变形球 指生长后期出现的不规则形的葱球。栽植过深、地温偏低、到后期不"倒苗"又出现"返青"的植株等均易产生变形球。因此，生产中定植不宜过深，不倒的苗可人工"倒苗"抑制其生长。

四、洋葱主要虫害及防治

洋葱虫害主要有葱蓟马、葱潜叶蝇（葱斑潜蝇）和葱地种蝇，其危害特点与防治方法参照大葱部分相关内容。

附 录

中华人民共和国行业标准

洋 葱 SB/T 10026—92

本标准参照采用国际标准 ISO 1673—1978《洋葱 贮藏指南》

1 主题内容与适用范围

本标准规定了洋葱商品分等分级质量要求、检验规则、检验方法、包装及标志、贮藏和运输。

本标准适用于洋葱的收购、贮藏、运输及销售。

2 引用标准

GB 2762 食品中汞允许量标准

GB 2763 粮食、蔬菜等食品中六六六、滴滴涕残留量标准

GB 4788 食品中甲拌磷、杀螟硫磷、倍硫磷残留量卫生标准

GB 4810 食品中总砷允许量标准

GB 8855 新鲜水果和蔬菜的取样方法

GB 8858 水果、蔬菜产品中干物质和水分含量的测定方法

3 术语

3.1 同一品种特征：具有该品种的形态、色泽等固有的特征。如：圆球形、高桩圆球形的不得相混。又红皮、黄皮及白皮品种不得相混。

3.2 相似的品种特征：具有相似形态、色泽等固有的品种特征。

3.3 形态良好：该品种发育到固有的形态、人小。

3.4 色泽正常：具有该品种特有的颜色和光泽。

3.5 表面光滑：该品种表面无粗糙、无凹凸等。

3.6 整齐度：同一等级的洋葱形状、大小、色泽一致。

3.7 机械伤：洋葱因扎、挤、压和刀切等外力造成的伤害。

3.8 鳞芽：暴露在鳞片外部的芽。

3.9 整修良好：去根去叶鞘。

4 质量要求

4.1 等级规格

洋葱按其商品品质分一、二、三等，按其重量分一、二、三级，各等级须符合表中的规定。

洋葱的等级规格表

等 级	品质要求	限 度
一 等	具有同一品种的特征，鳞茎形态良好、色泽正常、表面光滑、脆嫩、有很高的整齐度、整修良好、无机械伤、无病虫害、无鳞芽、干燥、无软腐及泥土。分级：一级≥150 克；二级≥100 克；三级≥50 克	每批样品不合格率不超过 5%，其中软腐者不超过 1%
二 等	具有相似的品种特征，鳞茎形态较好、色泽正常、表面光滑、脆嫩、有很高的整齐度、整修良好、无机械伤、无病虫害、无鳞芽、干燥、无软腐及泥土。分级：一级≥150 克；二级≥100 克；三级≥50 克	每批样品不合格率不超过 10%，其中软腐者不超过 1%

续表

等 级	品质要求	限 度
三 等	具有相似的品种特征，鳞茎形态尚好、色泽较正常、整修良好、无机械伤、无病虫害、干燥、无鳞芽、无软腐及泥土。分级：一级≥150 克；二级≥100 克；三级≥50 克	每批样品不合格率不超过 10%，其中软腐者不超过 1%

4.2 卫生指标

按照 GB 2762、GB 2763、GB 4788 的有关规定执行。

5 检验规则与检验方法

5.1 检验规则

5.1.1 同产地、同品种、同等级、同批次的洋葱作为一个检验批次。

5.1.2 报验单填写的项目应与实货相符，凡货单不符，品种、等级相混淆不清，包装容器严重损坏者，应由交货单位整理后，再行抽样。

5.1.3 包装应按有关规定进行检查。

5.2 检验方法

5.2.1 抽样方法按 GB 8855 的有关规定执行。

5.2.2 逐件称量抽取的样品，每件重量须一致，不得低于包装外标志的重量。

5.2.3 打开包装样品、取出洋葱平放在检验台上，记录其个数，进行单个品质、规格检验。

5.2.4 采用感官方法检验洋葱的品种、形状、色泽、整修状况、整齐度、机械伤、软腐、鳞芽、清洁（无泥土）。病虫害先外部检查后，再用刀纵剖观察，如果发现症状严重应扩大检验数量。

5.2.5 洋葱的重量检验

5.2.5.1 用每件洋葱的重量减去包装容器的重量，求得每件的净重。

5.2.5.2 用每件洋葱的个数除以净重量，求得平均重量，并确定应属的级别，再核对与包装外标志所示的等级是否相符。

5.2.5.3 用台秤检验洋葱重量，并计算不合格洋葱的百分率。

5.2.6 每批洋葱抽样检验时，对不符合所属等级标准的洋葱做各项记录。

计算公式如下：

$$单项不合格率(\%)=\frac{单项不合格数}{检验批次总数}\times 100\%$$

单项不合格率之和即为每批样品不合格率。

6 包装及标志

盛装洋葱的容器(竹筐、木箱、纸箱)必须清洁、干燥、牢固、透气、无异味、内部无尖物、外部无钉或尖刺；无虫蚀、腐朽、霉变现象，纸箱无受潮、离层现象。

6.1 应按等级分别包装。

6.2 每批报验的洋葱，其包装规格、单位重量须一致。

6.2.1 竹筐：30～35 千克/筐

6.2.2 木箱：25 千克/箱

6.2.3 纸箱：20 千克/箱

6.3 包装上应标明品名、等级、毛重、净重、到达地点及产地、包装日期。

7 贮藏

7.1 临时贮存须在阴凉、通风、清洁、卫生的荫棚下进行，严防烈日暴晒、雨淋、冻害及有毒物质和病虫害的损伤。

7.2 用人工冷藏温度要求在(0℃±1℃)左右，相应的空气相对湿度为 70%～80%。将收获洋葱去根去叶鞘，晾晒 5～7 天，使表皮干燥，码放 5～8 层。在温度较高时(5℃以上)要定期倒垛，以便通风。

7.3 收获洋葱去根，晾晒 2 天后，将叶鞘捆在一起，吊挂在通风较好的室内或室外，严防雨淋。

8 运输

8.1 洋葱收获后就地晾晒 2 天后，整修良好，及时包装、运输。

8.2 装运时，做到轻装、轻卸，严防机械损伤；运输工具清洁、卫生、无污染。

8.3 运输条件　防雨林、防日晒、防污染、注意通风。

参考文献

[1] 山东农业大学．蔬菜栽培学各论(北方本).3版[M]. 北京:中国农业出版社,2011.

[2] 中国农业科学院蔬菜花卉研究所．中国蔬菜栽培学[M]. 北京:中国农业出版社,1987.

[3] 孟雷,韩振亚．葱蒜类蔬菜标准化生产实用新技术疑难解答[M]. 北京:中国农业出版社,2014.

[4] 王凤葵,商鸿生．韭菜葱蒜病虫害防治技术[M]. 北京:金盾出版社,2009.

[5] 刘志芳．洋葱贮藏保鲜技术[J]. 保鲜与加工,2002(6):33.

[6] 邹雪玉．西瓜/甘薯—洋葱"优高"栽培技术[J]. 福建农业,2000(5):14.

[7] 王学伟．小茴香套种洋葱栽培技术[J]. 新疆农业,2010(4):23.

[8] 宋淑丽,王付德,王福祥,等．元葱套种粘玉米复种秋播元葱(育苗)[J]. 北方园艺,2001(4):51.